燃气行业从业人员专业培训教材

U0650438

燃气输配场站运行

黄梅丹　于　彬　主　编

中国环境出版集团·北京

图书在版编目（CIP）数据

燃气输配场站运行/黄梅丹，于彬主编. —北京：
中国环境出版集团，2024.1
燃气行业从业人员专业培训教材
ISBN 978-7-5111-5551-1

Ⅰ. ①燃… Ⅱ. ①黄… ②于… Ⅲ. ①燃气输配—配
气站—技术培训—教材 Ⅳ. ①TU996.6

中国国家版本馆 CIP 数据核字（2023）第 116335 号

出 版 人	武德凯	
责任编辑	易 萌	
封面设计	彭 杉	

出版发行　**中国环境出版集团**
　　　　　（100062　北京市东城区广渠门内大街 16 号）
　　　　　网　　址：http：//www.cesp.com.cn
　　　　　电子邮箱：bjgl@cesp.com.cn
　　　　　联系电话：010-67112765（编辑管理部）
　　　　　　　　　　010-67112739（第三分社）
　　　　　发行热线：010-67125803，010-67113405（传真）
印　　刷　玖龙（天津）印刷有限公司
经　　销　各地新华书店
版　　次　2024 年 1 月第 1 版
印　　次　2024 年 1 月第 1 次印刷
开　　本　880×1230　1/32
印　　张　10.625
字　　数　354 千字
定　　价　47.50 元

中国环境出版集团郑重承诺：
中国环境出版集团合作的印刷单位、材料单位均具有中国环境标志产品认证。

序　言

　　燃气是重要的清洁能源之一，在一次能源结构中的占比快速提高。城镇燃气安全稳定供应，事关能源结构调整、清洁能源高效利用、改善和保障民生、社会和谐稳定，意义重大。中共中央、国务院高度重视燃气安全。燃气安全事故一旦发生，会给人民群众生命财产安全造成损失。国务院颁布的《城镇燃气管理条例》第十五条规定"企业的主要负责人、安全生产管理人员以及运行、维护和抢修人员经专业培训并考核合格"，第二十七条中规定"单位燃气用户还应当建立健全安全管理制度，加强对操作维护人员燃气安全知识和操作技能的培训"。从事燃气行业或使用燃气，熟悉燃气知识、掌握燃气专业技能是科学利用燃气的关键。

　　保障燃气设备平稳运行，关键在人才队伍建设。2022 年 5 月 1 日起施行的《中华人民共和国职业教育法》，第二十四条规定"企业应当按照国家有关规定实行培训上岗制度。企业招用的从事技术工种的劳动者，上岗前必须进行安全生产教育和技术培训；招用的从事涉及公共安全、人身健康、生命财产安全等特定职业（工种）的劳动者，必须经过培训并依法取得职业资格或者特种作业资格"。为更好地适应这一需要，我们组织高等职业院校骨干教师和行业管理专家编写了"燃气行业从业人员专业培训教材"系列丛书。

　　"燃气行业从业人员专业培训教材"系列丛书针对燃气行业基本工种，包括《燃气通用知识与专业知识》《燃气相关法律法规与经营企业管理》《燃气管网运行》《压缩天然气场站运行》《液化天然气储运》《液化石油气库站运行》《燃气用户安装检修》《燃气输配场站运行》《汽车加气站操作》，突出通识性、适用性、实用性、时效性，总结提炼典型经验做法，实现理论知识和专业技能的融合。既适用于从业人员上岗培训、待业人员就业培训，也适用于职业技能鉴定机构组织培训。对职业院校师生、燃气行业技术使用者也有较高的参考价值。这套教材的出版，一定能够为广大燃气行业从业人员提供有益的帮助，对燃气知识的学习、技术技能的提高起到积极的推动作用。

前　　言

　　为加快燃气行业高技能人才队伍建设，推动行业全面发展，促进行业转型升级和高质量发展，我们邀请了多位知名专家和学者，通过对燃气行业现场经验总结以及对燃气工程项目的实地考察，建立了一套科学的行业工程理论体系，结合实践经验和理论知识，参考有关国家标准及行业标准，共同编写了"燃气行业从业人员专业培训教材"系列丛书，为燃气行业技能人才培养提供服务，以提升从业人员的职业技能，进一步提高工程质量和安全生产水平。

　　本书是"燃气行业从业人员专业培训教材"系列丛书之一，全书共五章，内容包括燃气及输配场站基础知识，燃气输配场站的典型工艺及设备，燃气输配场站主要设备设施操作、维护、检修规程，燃气输配场站日常管理和燃气输配场站安全管理等内容，按照输配场站从业人员的工作性质和《燃气经营企业从业人员专业培训考核大纲》的要求，以帮助燃气输配场站运行工及相关技术人员学习和参考。本书以系统实用、简明扼要为宗旨，编写内容注重实用性和可操作性。

　　本书主编黄梅丹、于彬，负责总体策划、统筹安排工作。内容包括五章，第一章由武汉燃气热力学校郑珺撰写；第二章由武汉燃气热力学校刘坤撰写；第三章由湖北城市建设职业技术学院黄梅丹撰写；第四章由金华市高亚天然气有限公司于彬撰写；第五章由湖北城市建设职业技术学院王静仪撰写。在本书的成稿过程中，武汉华润燃气有限公司张盼、武汉东湖中石油昆仑燃气有限公司唐家辰提供了很多宝贵意见，指导本书的校核工作。谨此向为本书的编写工作提供了大力支持的单位和专家深表谢意！

　　编写本书时参考了大量文献资料，在此对各位编委和参与调研的专家、学者表示衷心感谢。因时间仓促、经验不足，书中的疏漏和不妥之处在所难免，恳请专家和广大读者批评指正。

编　者

目　　录

第一章

燃气及输配场站基础知识

第一节　燃气基础知识

一、燃气的分类

城镇燃气是以可燃组分为主的混合气体，可燃组分一般有碳氢化合物、氢和一氧化碳，不可燃组分有二氧化碳、氮和氧等。城镇燃气是按一定工艺生产、制取、净化，达到国家标准要求的可燃气体。

城镇燃气是指从城市、乡镇或居民点中的地区性气源点，通过输配系统供给居民生活、商业、工业企业生产、采暖通风和空调等各类用户公用性质的，且符合现行国家标准《城镇燃气设计规范（2020 版）》（GB 50028）燃气质量要求的可燃气体。城镇燃气一般包括天然气、液化石油气、人工煤气、液化石油气混空气、生物气（沼气）、二甲醚等。

1. 天然气

天然气既是制取合成氨、炭黑、乙炔等化工产品的原料气，又是优质燃料气，是理想的城镇燃气气源。有效利用天然气对促进低碳化、实现节能减排、提高能源利用率和实现能源的可持续发展具有重要的意义。天然气的开采、储运和使用既经济又方便。例如，液态天然气的体积仅为气态时的 1/600，有利于运输和储存。一些天然气资源缺乏的国家通过进口天然气或液化天然气以发展城镇燃气事业，天然气工业在世界范围内发展迅速。21 世纪，天然气将取代石油成为全球的主导能源。

我国有较为丰富的天然气资源，但天然气资源地理分布不均衡，为实现资源的合理调配利用，20 世纪 90 年代以来，我国天然气管道向大型化、网络化方向发展，多条天然气长输管线进行建设并投入使用。

天然气有多种分类方式，按照勘探、开采技术可分为常规天然气和非常规天然气两大类。

（1）常规天然气

常规天然气按照矿藏特点可分为气田气、石油伴生气和凝析气田气等。

1）气田气是指产自天然气气藏的纯天然气。气田气的组分以甲烷为主，还含有少量的非烃类组分如二氧化碳、硫化氢、氮、氧和氢等，微量组分有氦和氩。

2）石油伴生气是指与石油共生的、伴随石油一起开采出来的天然气。石油伴生气的主要成分是甲烷、乙烷、丙烷和丁烷，还有少量的戊烷和重烃。

3）凝析气田气是指从深层气田开采的含石油轻质馏分的天然气。凝析气田气除含有大量甲烷外，还含有 2%～5%戊烷及戊烷以上的碳氢化合物。

（2）非常规天然气

非常规天然气是指由于目前技术经济条件的限制尚未投入工业

开采的天然气资源，包括煤层气、页岩气、天然气水合物、水溶气、浅层生物气及致密砂岩气等。我国非常规天然气资源量丰富，未来将具有巨大的应用前景。

1）煤层气又称煤层甲烷气，是煤层形成过程中经过生物化学和变质作用以吸附或游离状态存在于煤层及岩石中的自储式天然气。煤层气的成分以甲烷为主，含有少量的二氧化碳、氮、氢及烃类化合物。煤层气的开发利用可以防范煤矿瓦斯事故、有效减排温室气体，并可作为一种高效、洁净的城镇燃气气源。我国鼓励煤层气的开发利用，目前，煤层气已经像常规天然气一样得到开采利用，初步形成产业化发展模式。

2）页岩气是以吸附或游离状态存在于暗色泥页岩或高碳泥页岩中的天然气。由于页岩气储层的渗透率低，页岩气的开采难度较大。美国是世界上页岩气勘探开发利用技术较成熟的国家，已经实现了页岩气商业性开发。我国页岩气资源广泛分布于海相、陆相盆地，资源量丰富。

3）天然气水合物（Gashydrates 或 Gas Hydrates）俗称"可燃冰"，是天然气与水在一定条件下形成的类冰固态化合物。天然气水合物的主要气体为甲烷，在标准状态下，1 单位体积的天然气水合物最多可结合 164 单位体积的甲烷。

2. 液化石油气

液化石油气是在开采天然气及石油或炼制石油过程中，作为副产品而获得的一部分碳氢化合物，分为天然石油气和炼厂石油气。

目前我国城镇供应的液化石油气主要来自炼油厂，其主要组分是丙烷（C_3H_8）、丙烯（C_3H_6）、丁烷（C_4H_{10}）和丁烯（C_4H_8），习惯上称 C_3、C_4，即只用烃的碳原子（C）数表示。这些碳氢化合物在常温、常压下呈气态，当压力升高或温度降低时，很容易转变为液态，液化后体积缩小，约为原体积的 1/250。

液化石油气是管输天然气很好的补充气源，在天然气长输管线达不到的城镇，将会广泛采用液化石油气。另外，液化石油气也可作为汽车燃料。

3. 人工煤气

人工煤气是以固体、液体或气体（包括煤、重油、轻油、液化石油气、天然气等）为原料经转化制得，且符合现行国家标准《人工煤气》（GB 13612）质量要求的可燃气体。人工煤气又称为煤气。

按照生产方法和工艺的不同，一般可分为干馏煤气、气化煤气和油制气等。

目前，作为城镇气源的人工煤气主要有焦炉炼焦副产品的高温干馏煤气和以石脑油为原料的油制气。人工煤气作为城镇气源将逐步被天然气所取代。

4. 液化石油气混空气

液化石油气混空气是气态液化石油气与空气按一定比例混合配制的、符合城镇燃气质量要求的气体。

液化石油气混空气是一种无毒、干净、热值高、气质稳定的城市燃气，与人工燃气相比具有投资少、运行成本低、建设周期短、规模弹性大的优点；与气态液化石油气相比，由于露点降低，液化石油气混空气在寒冷地区可以保证全年正常供气，特别适用于在煤炭资源缺乏的中小城市使用，也可作为天然气的调峰气源。

5. 生物气（沼气）

生物气（沼气）是指各种有机物质，如蛋白质、纤维素、脂肪、淀粉等，在隔绝空气的条件下发酵，在微生物的作用下产生的可燃气体。生物气发酵的原料来源广泛，农作物的秸秆、人畜粪便、垃圾、杂草和落叶等有机物质都可以作为制取生物气的原料，因此生物气属于可再生能源。生物气的组分中甲烷的含量约为 60%，二氧化碳约为 35%，此外，还含有少量的氢和一氧化碳等气体。工业化生产的人工沼气，可在小范围内供应城镇居民及工业用户使用，也可以脱除二氧化碳后，转化为人工天然气供城市使用。

6. 二甲醚

二甲醚（分子式为 C_2H_6O）又称甲醚，简称 DME。二甲醚在常压下是一种无色气体或压缩液体，具有轻微醚香味。相对密度（20℃时）0.666，熔点为-141.5℃，沸点为-24.9℃，室温下蒸气压约为 0.5 MPa，与液化石油气（LPG）相似。溶于水及醇、乙醚、丙酮、氯仿等多种有机溶剂。易燃，在燃烧时火焰略带光亮，燃烧热（气态）为 1 455 kJ/mol。常温下二甲醚具有惰性，不易自动氧化，无腐蚀、无致癌性，但在辐射或加热条件下可分解成甲烷、乙烷、甲醛等。

二甲醚的生产方法有一步法和二步法。一步法是指由原料气一次合成二甲醚，二步法是由合成气合成甲醇，然后再脱水制取二甲醚。

由于石油资源短缺，煤炭资源丰富及人们环保意识的增强，从煤转化成清洁燃料的二甲醚日益受到重视，成为近年来国内外竞相开发的化工产品。作为 LPG 和石油类的替代燃料，二甲醚在燃烧时不会产生破坏环境的气体，可大批量生产。

二甲醚作为一种新兴的基本有机化工原料，由于其具有良好的易压缩、冷凝、气化特性，使得二甲醚在制药、燃料、农药等化学工业中有许多独特的用途。例如，高纯度的二甲醚可代替氟利昂用作气溶胶喷射剂和制冷剂，减少对大气环境的污染和对臭氧层的破坏。由于其良好的水溶性、油溶性，使得其应用范围大大广于丙烷、丁烷等石油化学品。代替甲醇用作甲醛生产的新原料，可以明显降低甲醛生产成本，在大型甲醛装置中更显示出其优越性。作为民用燃料气，其储运、燃烧的安全性、预混气热值和理论燃烧温度等性能指标均优于液化石油气，可作为城市管道煤气的调峰气、液化气掺混气。也是柴油发动机的理想燃料，与甲醇燃料汽车相比，不存在汽车冷启动问题。二甲醚还是未来制取低碳烯烃的主要原料之一。

无论是天然气、液化石油气还是人工煤气，由于产地不同，即使是同一种类燃气，其成分和热值都不尽相同，有时区别还可能很大。燃具制造商按照各类燃气的标准气进行设计和制造，用户也按此选择燃具。另外，当一种燃气被另一种燃烧特性差别较大的燃气所取代时，除高华白数以外，还必须考虑不会出现离焰、黄焰、回火及不完全燃烧等现象。因此，有必要对燃气进一步细化分类。《城镇燃气分类和基本特性》（GB/T 13611）根据燃气的高华白数和高热值对燃气进行分类，见表1-1。表中所列高华白数和高热值的范围是规定的最大允许波动范围，作为城镇燃气气源时应尽量控制在±5%。

表1-1　城镇燃气的类别及特性指标（干燃气，15℃，101.325 kPa）

类别		高华白数 W_s / （MJ/m³）		高热值 H_s / （MJ/m³）	
		标准	范围	标准	范围
人工煤气	3R	13.92	12.65～14.81	11.10	9.99～12.21
	4R	17.53	16.23～19.03	12.69	11.42～13.96
	5R	21.57	19.81～23.17	15.31	13.78～16.85
	6R	25.70	23.85～27.95	17.06	15.36～18.77
	7R	31.00	28.57～33.12	18.38	16.54～20.21
天然气	3T	13.30	12.42～14.41	12.91	11.62～14.20
	4T	17.16	15.77～18.56	16.41	14.77～18.05
	10T	41.52	39.06～44.84	32.24	31.97～43.57
	12T	50.72	45.66～54.77	37.78	31.97～43.57
液化石油气	19Y	76.84	72.86～87.33	95.65	88.52～126.21
	22Y	87.33	72.86～87.33	125.81	88.52～126.21
	20Y	79.59	72.86～87.33	103.19	88.52～126.21

续表

类别		高华白数 W_s /（MJ/m³）		高热值 H_s /（MJ/m³）	
		标准	范围	标准	范围
液化石油气混空气	12YK	50.70	45.71～57.29	59.85	53.87～65.84
二甲醚 [a]	12E	47.45	46.98～47.45	59.87	59.27～59.87
沼气	6Z	23.14	21.66～25.17	22.22	20.00～24.44

注：1. 燃气类别，以燃气的高华白数按原单位为 kcal/m³ 时的数值，除以 1 000 后取整表示，如 12T，即指高华白数约计为 12 000 kcal/m³ 时的天然气。

2. 3T、4T 为矿井气或混空轻烃燃气，其燃烧特性接近天然气。

3. 10T、12T 为天然气包括干井气、油田气、煤层气、页岩气、煤制天然气、生物天然气。

[a] 二甲醚应仅用作单一气源，不应掺混使用。

二、燃气的基本性质

1. 分子量

天然气的主要成分是甲烷，甲烷的分子式为 CH_4。燃气组成中某些低级烃的基本性质见表 1-2。

表 1-2 某些低级烃的基本性质（273.15K、101.325kPa）

气体	甲烷	乙烷	乙烯	丙烷	丙烯	正丁烷	异丁烷	正戊烷
分子式	CH_4	C_2H_6	C_2H_4	C_3H_8	C_3H_6	C_4H_{10}	C_4H_{10}	C_5H_{10}
分子量 M/（kg/kmol）	16.043 0	30.070 0	28.054 0	44.097 0	42.081 0	58.120 0	58.124 0	72.151 0
密度 ρ_0/（kg/m²）	0.717 4	1.355 3	1.260 5	2.010 2	1.913 6	2.703 0	2.691 2	3.453 7
临界温度 T_c/K	191.05	305.45	282.95	368.85	364.75	425.95	407.15	470.35
高发热值 H_h（标态）/（MJ/m³）	39.842	70.351	63.438	101.266	93.667	133.886	133.048	169.377

① 1 cal=4.187 J。

续表

气体	甲烷	乙烷	乙烯	丙烷	丙烯	正丁烷	异丁烷	正戊烷
分子式	CH_4	C_2H_6	C_2H_4	C_3H_8	C_3H_6	C_4H_{10}	C_4H_{10}	C_5H_{10}
低发热值 H_l（标态）/（MJ/m^3）	35.902	64.397	59.477	93.240	87.667	123.649	122.853	156.733
爆炸下限 L_l（体积分数）/%	5.0	2.9	2.7	2.1	2.0	1.5	1.8	1.4
爆炸上限 L_h（体积分数）/%	15.0	13.0	34.0	9.5	11.7	8.5	8.5	8.3

混合气体的平均分子量按式（1-1）计算：

$$M = \sum y_i M_i = y_1 M_1 + y_2 M_2 + \cdots + y_n M_n \qquad (1-1)$$

式中，M——混合气体的平均分子量，kg/kmol；

y_1，y_2，$\cdots$，y_3——混合气体中各组分的摩尔分数（气体的摩尔分数与体积分数数值相等）；

M_1，M_2，$\cdots$，M_n——混合气体中各组分的分子量，kg/kmol。

2. 密度和相对密度

单位体积天然气的质量称为天然气的密度。由于气体的可压缩性，混合气体的密度不仅取决于气体的组成，还取决于气体所处的压力和温度状态。通常所说的天然气的密度是指在标准状况下（压力101.325 kPa，温度20℃）天然气的密度。

甲烷的密度为 0.717 4 kg/m³，天然气的密度一般为 0.75～0.8 kg/m³。比较天然气与空气的密度，天然气比空气轻，一旦发生泄漏天然气会往上飘，易于挥发和扩散。

在标准状态下，混合气体与干燥空气密度的比值称为相对密度。

甲烷的相对密度为 0.558 4，天然气的相对密度一般为 0.58～0.62。

3. 着火温度

着火温度是指燃气开始并继续燃烧的最低温度，也称燃点或着火点。可燃混合物只有在达到着火温度后才能自燃。着火温度并非可燃混合物的固定数值，它取决于可燃气体在空气中的浓度及混合程度、压力及燃烧空间的形状与大小，当环境散热能力强时，着火温度将升高。

甲烷的着火温度为 540℃，天然气的着火温度一般为 537～750℃。

4. 燃烧温度

燃烧温度是指可燃物质按照燃烧反应方程式完全燃烧时所产生的理论温度。理论燃烧温度是在理想情况下才能达到的燃烧温度，这在实际中是达不到的，因为总有一部分热量会散失掉，因此实际燃烧温度总比理论燃烧温度低。一般来说，燃气的热值越高，其燃烧温度越高，通过预热空气或燃气可以提高燃烧温度。物质燃烧时如果空气供应量过多，则会降低燃烧温度。

甲烷的理论燃烧温度为 1 970℃。天然气的理论燃烧温度可达到 2 030℃。

5. 火焰传播速度

火焰传播速度是指火焰前锋沿其法线方向相较于未燃可燃混合气体的推进速度。火焰传播速度表示燃烧过程中火焰前锋的移动速度，其值的高低取决于可燃混合气体本身的组分、压力、温度、过量空气系数、可燃混合气体流动状况以及周围散热条件等。火焰传播速度实质上表示单位时间内在火焰前锋单位面积上所烧掉的可燃混合气体的数量。

甲烷的最大燃烧速度为 0.38 m/s。天然气的火焰传播速度可以近似地认为是 0.38 m/s。

6. 热值

热值又称发热量，是单位质量或单位体积的可燃物质在完全烧尽时生成最简单、最稳定的化合物时所释放的热量，代表符号是 q，单位是焦耳每立方米，符号是 J/m^3。热值分为高热值和低热值 2 种。常用单位换算：1 cal（卡）=4.187 J（焦耳）。

高热值是指单位数量的燃气完全燃烧后其燃烧产物和周围环境恢复至燃烧前的温度，而其中的水蒸气被凝结成同温度的水后释放出的全部热量。

低热值是指单位数量的燃气完全燃烧后其燃烧产物和周围环境恢复至燃烧前的温度，而不计其中水蒸气凝结时所释放出的热量。

燃烧产物中的水蒸气通常以气体状态排出，因此实际工程中常用燃气的低热值进行计算。燃气的热值与燃气的组分有关，含烃比例越高，热值越高；含非烃，尤其是含 CO_2、N_2 等气体比例越高，热值越低。

天然气是混合气体，不同的组分以及组分的不同比例，都会有不同的热值。

7. 爆炸极限

可燃气体和空气的混合物遇明火而引起爆炸时的可燃气体浓度范围称为爆炸极限。在这种混合物中，当可燃气体的含量减少到不能形成爆炸混合物的含量时，称为可燃气体的爆炸下限。而当可燃气体含量增加到不能形成爆炸混合物的含量时，称为爆炸上限。

8. 沸点

通常所说的沸点是指 101.325 kPa 压力下液体沸腾时的温度。一些低级烃的沸点见表1-3。

表1-3　一些低级烃的沸点

气体名称	甲烷	乙烷	丙烷	正丁烷	异丁烷	乙烯	丙烯
101.325 kPa 时的沸点/℃	−162.6	−88.5	−42.1	−0.5	−10.2	−103.7	−47

由表1-3可知，液体丙烷在101.325 kPa压力下，−42.1℃时就处于沸腾状态，而液体正丁烷在101.325 kPa压力下，−0.5℃时才处于沸腾状态。冬季如果将液化石油气容器设置在0℃以下的地方，应该使用丙烷、丙烯含量高的液化石油气，因为丙烷、丙烯在寒冷地区或寒冷季节也可以气化。

9. 露点

饱和蒸汽经冷却或加压，立即处于过饱和状态，当遇到接触面或凝结核便液化成露，此时的温度称为露点。

对于气态碳氢化合物，与其饱和蒸汽压相应的温度也就是露点。例如，丙烷在0.349 MPa压力时露点为−10℃，而在0.846 MPa压力时露点为20℃。单一的气态碳氢化合物在某一蒸汽压时的露点也就是其液体在同一压力时的沸点。

水露点：在一定压力下，气体中的饱和水蒸气因温度降低开始凝结析出水时的温度。

烃露点：在一定压力下，气体中的烃组分因温度降低开始凝结析出液相时的温度。

10. 水合物

天然气水合物是天然气与水在一定条件下形成的一种类似冰雪的白色结晶体，俗称"可燃冰"。水合物是不稳定的结合物，在低压或高温条件下，易分解为气体和水。

形成水合物需要具备 2 个条件：一是管道内有液态水或天然气的水蒸气分压接近饱和状态，处于水合物生成范围内；二是管道内的天然气要有足够高的压力和足够低的温度。

天然气水合物一旦形成，它与金属结合牢固，会减少管道的流通面积，产生节流，加速水合物的进一步形成，进而造成管道、阀门和一些设备的堵塞，严重影响管道的安全运行。

为防止形成水合物或分解已形成的水合物有以下 2 种方法：

①降低压力、升高温度或加入可以使水合物分解的反应剂（防冻剂）。最常用作分解水合物结晶的反应剂是甲醇（木精），其分子式为 CH_3OH。此外，还用甘醇（乙二醇）、二甘醇、三甘醇、四甘醇作为反应剂。

②对含湿烃类气体脱水，使其中水分含量降低到不致形成水合物的程度。为此要使露点温度比输气管道工作温度低 5～7℃，这样就使得在输气管道的最低温度下气体的相对湿度接近 60%。

三、城镇燃气的质量要求

城镇燃气在进入输配管网和供给用户前，都应满足热值相对稳定、毒性小和杂质少等基本要求，并且达到一定的质量指标，这对保障城镇燃气系统稳定和用户用气安全、减少管道腐蚀与堵塞，以及降低对环境的污染等都具有重要的意义。

城镇燃气偏离基准气的波动范围宜按现行的国家标准《城镇燃气分类和基本特性》（GB/T 13611）的规定采用，并应适当留有余地。

1. 天然气的质量指标

天然气及按天然气质量交付的页岩气、煤层气、煤制天然气、生物质气等的质量应符合现行国家标准《燃气工程项目规范》（GB

55009）的规定（表 1-4）。

表 1-4　天然气质量要求

高位发热量/（MJ/m³）	≥31.4
总硫（以硫计）/（mg/m³）	≤100
硫化氢/（mg/m³）	≤20
二氧化碳（体积分数）/%	≤4.0

注：表中气体体积的标准参比条件是 101.325 kPa，20℃。

在天然气交接点的压力和温度条件下，天然气的烃露点应比最低环境温度低 5℃；天然气中不应有固态、液态或胶状物质。

2. 液化石油气的质量指标

液化石油气的质量指标见表 1-5。

表 1-5　液化石油气的质量指标

项目	质量指标		
	商品丙烷	商品丙丁烷混合物	商品丁烷
密度（15℃）/（kg/m³）	报告		
蒸气压（37.8℃）/kPa	≤1 430	≤1 380	≤485
组分			
C₃ 烃类组分（体积分数）/%	95	—	—
C₄ 及 C₄ 以上烃类组分（体积分数）/%	≤2.5	—	—
（C₃+C₄）烃类组分（体积分数）/%	—	95	95
C₅ 及 C₅ 以上烃类组分（体积分数）/%	—	≤3.0	≤2.0
残留物			
蒸发残留物/（mL/100 mL）	≤0.05		
油渍观察	通过		
铜片腐蚀（40℃，1 h）/级	≤1		
总硫含量/（mg/m³）	≤343		

续表

项目	质量指标
硫化氢（需满足下列要求之一）： 　　乙酸铅法 　　层析法/（mg/m³）	 无 ≤10
游离水	无

注：1. 液化石油气中不允许人为加入除加臭剂以外的非烃类化合物；

2. 每次以 0.1 mL 的增量将 0.3 mL 溶剂—残留物混合液滴到滤纸上，2 min 后在日光下观察，无持久不退的油环为通过；

3. "—"为不得检出。

3. 人工煤气的质量指标

人工煤气的质量指标见表 1-6。

表 1-6　人工煤气的质量指标

项目	质量指标
低热值/（MJ/m³）[1] 　　一类气 [2] 　　二类气 [2]	 >14 >10
杂质 　焦油与灰尘/（mg/m³） 　硫化氢/（mg/m³） 　氨/（mg/m³） 　萘 [3]/（mg/m³）	 <10 <20 <50 <50×10²/P（冬天） <100×10²/P（夏天）
含氧量 [4]（体积分数）/% 　一类气 　二类气	 <2 <1
含一氧化碳 [5]（体积分数）/%	<10

注：1. 表中煤气体积（m³）指在 101.325 kPa、15℃状态下的体积；

2. 一类气为煤干馏气，二类气为煤气化气、油气化气（包括液化石油气及天然气改制）；

3. 萘是指萘和它的同系物 α-甲基萘及 β-甲基萘；在确保煤气中萘不析出的前提下，各地区可以根据当地燃气管道埋设处的土壤温度规定本地区煤气中的含萘指标；当管道输气点绝对压力（P）小于 202.65 kPa 时，压力（P）因素可不参加计算；

4. 含氧量是控制气厂生产过程中所要求的指标；

5. 二类气或掺有二类气的一类气，其一氧化碳含量应小于 20%（体积分数）。

4. 城镇燃气添加加臭剂质量要求

当气源质量未达到相关规范规定的质量要求时,应对燃气进行加工处理。燃气应具有当其泄漏到空气中并在发生危险之前,嗅觉正常的人可以感知的警示性臭味。当供应的燃气不符合以上规定时,应进行加臭。

加臭剂的最小量应符合下列规定:无毒燃气泄漏到空气中,达到爆炸下限的 20%时,应能察觉;有毒燃气泄漏到空气中,达到对人体允许的有害浓度时,应能察觉;对于含一氧化碳有毒成分的燃气,空气中一氧化碳含量的体积分数达到 0.02%时,应能察觉。

城镇燃气加臭剂应符合下列要求:

①加臭剂和燃气混合在一起后应具有特殊的臭味;

②加臭剂不应对人体、管道或与其接触的材料有害;

③加臭剂的燃烧产物不应对人体呼吸有害,并不应腐蚀或伤害与此燃烧产物经常接触的材料;

④加臭剂溶解于水的程度不应大于 2.5%(质量分数);

⑤加臭剂应有在空气中能察觉的加臭剂含量指标。

当燃气供应系统的燃气需要与空气混合后供应时,混合气中燃气的体积分数应高于其爆炸上限的 2 倍,且混合气的露点应低于输送管道外壁可能达到的最低温度 5℃。混合气中硫化氢含量不应大于 20 mg/m^3。

第二节 输配场站基础知识

一、城镇燃气输配系统概述

城镇燃气输配系统一般由燃气门站、燃气管网、储气设施、调压设施、管理设施、监控系统等组成。城镇燃气输配系统设计，应符合城镇燃气总体规划。在可行性研究的基础上，做到远期、近期结合，以近期为主，并经技术经济比较后确定合理的方案。

1. 城市燃气门站

城市燃气门站（以下简称燃气门站），负责接收气源厂、矿（包括煤制气厂，天然气、矿井气及有余气可供应用的工厂等）输入城镇使用的燃气，然后通过调压、计量进入城市燃气输配系统，如燃气需要加臭，则调压、计量后要经过加臭装置。当燃气进站或出站压力超过规定压力时，安全装置自动启动，站内发生故障时，可通过越站旁通管供气。燃气门站是集燃气净化、调压、计量、加臭、燃气泄漏报警及数据采集监控等功能于一体的高度集成化系统，具有极高的完整性和可靠性。

2. 输配管网

输配管网是将燃气门站的燃气输送至各储气点、调压室、燃气用户的管网系统。城市燃气管网分为长距离输气管道、城镇燃气管道与工业企业燃气管道三个部分。

3. 燃气储配站

燃气储配站是在城镇燃气输配系统中储存和分配燃气的场所，由接收储存、配气、计量、降压或加压等设施组成。储配站的作用：一是储存一定量的燃气以供用气高峰时调峰使用；二是当输气设施发生暂时故障、维修管道时，保证一定程度的供气；三是将燃气加压（减压）以保证输配管网或用户用气前燃气有足够的压力。

4. 燃气调压站

燃气调压站主要设备为调压设施。它的主要功能是将输气管网的压力调节至下一级管网或用户所需的压力，并使调节后的燃气压力保持稳定。

二、燃气门站、储配站

1. 燃气门站的工艺流程

输气干线中的天然气经分离器、脱水、脱硫等设备进行净化、调压、计量、加臭后输送进入城市管网，燃气门站的主要工艺流程如图 1-1 所示。

燃气门站的主要工艺：

①调压：调节输气压力，保证下游用户所需用气压力。

②净化：包含分离器、过滤器、脱水设备、脱硫设备等，可以有效处理、控制燃气中的水、轻烃、杂质、硫等含量，确保气体质量合格。

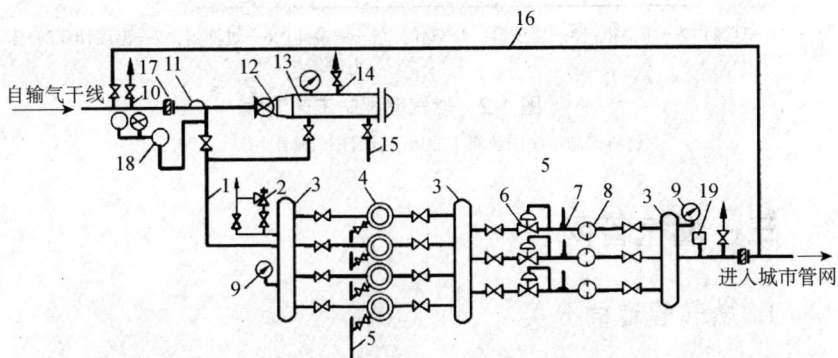

1—进气管；2—安全阀；3—汇气管；4—过滤器；5—过滤器排污管；6—调压器；7—温度计；8—孔板流量计；9—压力表；10—干线放空管；11—清管器通过指示器；12—球阀；13—清管器接收筒；14—放空管；15—排污管；16—越站旁通管；17—绝缘法兰；18—电接点式压力表；19—加臭装置。

图 1-1 燃气门站主要工艺流程

资料来源：中国建筑工业出版社《燃气输配》。

③加臭：向燃气中加注适量的加臭剂，确保燃气泄漏时能够察觉。

2. 燃气储配站的工艺流程

燃气储配站与燃气门站工艺设备大部分相似，功能也相似。但燃气储配站除了可以根据需求进行天然气净化、调压外，还具备天然气储气功能。燃气储配站的主要工艺有调压、净化、压缩，其中压缩工艺是将低压气体提升为高压气体,燃气储配站工艺流程如图 1-2 所示。

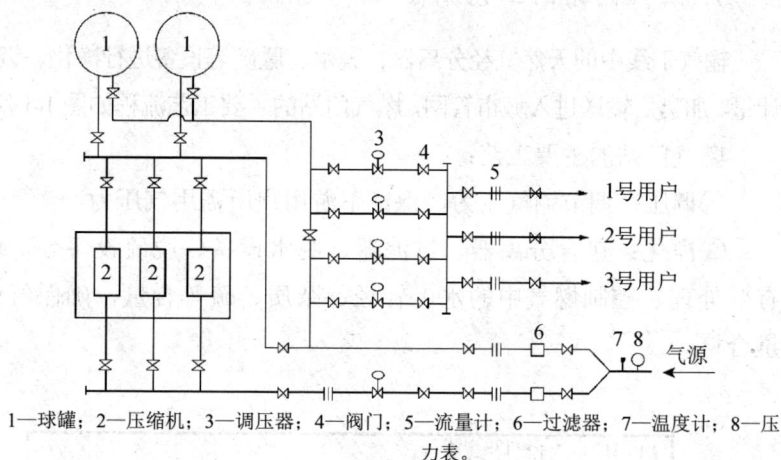

1—球罐；2—压缩机；3—调压器；4—阀门；5—流量计；6—过滤器；7—温度计；8—压力表。

图 1-2   燃气储配站工艺流程

资料来源：中国建筑工业出版社《燃气输配场站运行工》。

三、燃气管网

1. 燃气管道的分类

燃气管道可根据用途、敷设方式和输气压力分类。

（1）根据用途分类

1）城镇燃气管道。

输气管道：城镇燃气门站至城镇配气管道之间的管道。

配气管道：在供气地区将燃气分配给居民用户、商业用户和工业企业用户的管道。配气管道包括街区和庭院的分配管道。

用户引入管：室外配气支管与用户室内燃气进口管总阀门之间的管道。

室内燃气管道：从用户室内燃气进口管总阀门到用户各燃具或用气设备之间的燃气管道。

2）工业企业燃气管道。

工厂引入管和厂区燃气管道：将燃气从城镇燃气管道引入工厂，分配到各用气车间的管道。

车间燃气管道：从车间的管道引入口将燃气输送到车间内各用气设备（如窑炉）的管道。车间燃气管道包括干管和支管。

炉前燃气管道：从支管将燃气分送给炉上各燃烧设备的管道。

（2）根据敷设方式分类

地下燃气管道：一般在城镇中常采用地下敷设方式的管道。

架空燃气管道：在管道越过障碍时或在工厂区为了管理维修方便，采用架空敷设方式的管道。

（3）根据输气压力分类

与其他管道相比，燃气管道的气密性有特别严格的要求，漏气可能导致火灾、爆炸、中毒或其他事故。燃气管道中的压力越高，管道接头脱开或管道本身出现裂缝的可能性和危险性也越大。当管道内燃气的压力不同时，对管道材质、安装质量、检验标准和运行管理的要求也不同。

按现行国家标准《燃气工程项目规范》（GB 55009）的规定，输气管道应根据最高工作压力进行分级，并应符合表 1-7 的规定。

表 1-7　输气管道压力分级

名称		最高工作压力/MPa
超高压		$4.0 < P$
高压	A	$2.5 < P \leqslant 4.0$
	B	$1.6 < P \leqslant 2.5$

名称		最高工作压力/MPa
次高压	A	$0.8<P\leqslant1.6$
	B	$0.4<P\leqslant0.8$
中压	A	$0.2<P\leqslant0.4$
	B	$0.01<P\leqslant0.2$
低压		$P\leqslant0.01$

居民用户和小型商业用户一般直接由低压管道供气。采用低压燃气管道输送天然气时，压力不大于 3.5 kPa；输送气态液化石油气时，压力不大于 5 kPa；输送人工煤气时，压力不大于 2 kPa。

中压管道必须通过区域调压站或用户专用调压站才能给城镇燃气管网中的低压管道供气，或给工厂企业、大型商业用户及锅炉房供气。当只采用中压一级燃气管网系统时，调压箱应设在各居民用气小区或商业用户处。

一般由次高压或高压燃气管道构成大城市输配管网系统的外环网。高压燃气管道是给大城市供气的主动脉。同时，高压燃气管道也可作为储气设施，平衡城镇燃气供应的不均匀性。高压燃气必须通过调压站才能送入中压管道或工艺需要高压燃气的大型工厂企业。

城镇燃气管网系统中各级压力的干管，特别是压力较高的管道，应连成环网，初建时也可以是半环形或枝状管道，但应逐步构成环网。

城镇、工厂区和居民点可由长距离输气管线供气，个别距离城镇燃气管道较远的大型用户，经论证确定经济合理性和安全可靠性后，可自设调压站与长输管线连接。除了一些允许设专用调压器、与长输管线相连接的管道检查站用气外，单个居民用户不得与长输管线连接。

随着科学技术的发展，管道和燃气专用设备的质量不断提高，在提高施工管理质量和运行管理水平的基础上，在现行国家相关规范和标准的允许范围内，新建城镇燃气管网系统或改建既有系统时，燃气管道可采用较高的运行压力，降低成本，提高效益。

2. 燃气管网的分类

现代化的城镇燃气输配系统是复杂的综合设施，通常由燃气门站、燃气管网、储气设施、调压设施、管理设施和监控系统等构成。

城镇燃气输配系统应保证不间断且可靠地给用户供气，在运行管理方面应是安全的，在维修检测方面应是简便的。还应考虑在检修或发生故障时，可关断某些管段而不致影响全系统的运行。

在城镇燃气输配系统中，宜采用标准化和系列化的站室、构筑物和设备。采用的系统方案应具有最大的经济效益，并能分阶段地建造和投入运行。

（1）按管网压力级制分类

城镇燃气输配系统的主要部分是燃气管网，根据所采用的管网压力级制可分为以下几种形式：

①一级燃气管网系统：仅用一种压力级制的燃气管网分配和供给燃气的系统，通常为低压或中压管道系统。一级系统一般适用于小城镇的供气，当供气范围较大时，输送单位体积燃气的管材用量将急剧增加。

②二级燃气管网系统：用两种压力级制的燃气管网分配和供给燃气的系统。设计压力一般为中压 B-低压或中压 A-低压等。

③三级燃气管网系统：用三种压力级制的燃气管网分配和供给燃气的系统。设计压力一般为高压-中压-低压或次高压-中压-低压等。

④多级燃气管网系统：用三种以上压力级制的燃气管网分配和

供给燃气的系统。

燃气输配系统中各种压力级制的管道之间应通过调压装置连接。

（2）采用不同压力级制的必要性

城镇燃气输配系统中燃气管网采用不同压力级制的原因如下：

①燃气管网采用不同压力级制的经济性较好。当大部分燃气由较高压力的管道输送时，管道的管径可以选得小一些，管道单位长度的压力损失允许大一些，可以节省管材。如果将大量的燃气从城镇的某一区域输送到另一区域，采用较高的输气压力比较经济合理。对城镇里的大型工业企业用户，也可敷设压力较高的专用输气管线。

②各类用户需要的燃气压力不同。例如，居民用户和小型商业用户需要低压燃气，而大型工业企业则需要中压或以上压力的燃气。

③消防安全要求。在未改建的老城区，建筑物比较密集，街道和人行道都比较狭窄，不宜敷设较高压力的管道。此外，由于人口密度较大，从安全运行和方便管理的角度来看，也不宜敷设高压或次高压管道，只能敷设中压或低压管道。另外，大城市燃气输配系统的建造、扩建和改建过程历时较长，所以老城区原有燃气管道的设计压力，大都比近期建造的燃气管道的压力低。

3. 城镇燃气管网系统举例

下面简要分析城镇二级燃气管网系统、三级燃气管网系统和多级燃气管网系统的例子。

（1）中压 A-低压二级燃气管网系统

甲城市以天然气为气源，采用长输管线末端储气，如图 1-3 所示。来自长输管线的天然气从东西两个方向经燃气门站送入甲城市。中压 A 管道连成燃气环网，通过区域调压站向低压燃气管网供气，通过专用调压站向工业企业供气。低压燃气管网根据地理条件分成三个不连通的区域燃气管网。

　　低压干管上一般不设阀门，检修或排除故障时可用橡胶球堵塞管道。在高压、次高压及中压燃气干管上，应设置分段阀门，在各支管的起点处也应设置阀门，在调压站的进出管、过河燃气管道的两端及与铁路或公路干线相交的燃气管道两端均应设置阀门。阀门应设置在非常必要的地方，以便在检修、处理故障或进行改（扩）建时，可关断个别管段避免出现大片用户停气的状况。当然，每增加一个阀门，既增加了投资，也增加了漏气的可能性。

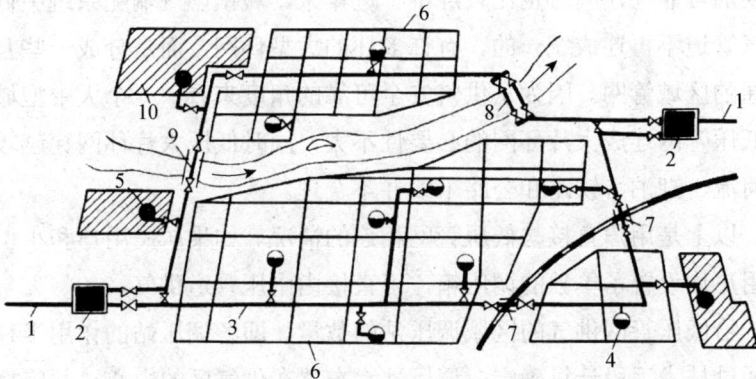

1—来自长输管线；2—城镇燃气门站；3—中压 A 燃气管网；4—区域调压站；
5—工业企业专用调压站；6—低压管网；7—穿越铁路的套管敷设管道；
8—穿越河底的过河管道；9—沿桥敷设的过河管道；10—工业企业。

图 1-3　中压 A–低压二级燃气管网系统

资料来源：中国建筑工业出版社《燃气输配》。

　　居民用户和小型商业用户由低压管网供气。根据居民区规划和人口密度等特点，一种情况是低压管道沿大街小巷敷设，组成较密集的环网；另一种情况则是低压管道敷设在街区内，只将主干管连成环网。

　　第一种情况适用于老城区，因为那里建筑物鳞次栉比，又分成许多小区，故低压管道敷设在每条街道上、胡同里，管道互相交叉可连成较密集的环网，从低压管道上连接用户引入管。

第二种情况适用于新建城区，居民住宅区的楼房布局整齐，楼与楼之间保留了必要的间距。这种条件下，低压管道可以敷设在街区内，这些楼房可由枝状管道供气，只将主要街道的低压干管连接成环，提高供气的可靠性和保持供气压力的稳定性。

低压管网只将主干管连成环网是比较合理的，而一些次要的管道可以是枝状管。为了使压力留有余量，保证环网工作可靠，主环各管段宜取相近的管径。不同压力等级的管网应通过几个调压站连接，以保证在个别调压站关断时仍能正常供气。这样的管网方案，既保证了必要的可靠性，同时也比较经济。近年来，城镇燃气输配系统中低压燃气管道不再连成统一的、有许多环的大型环网，而是分成一些互不相通的区域管网。因为从供气安全可靠的角度来看，一个大中型城镇的低压管网连成大片环网的必要性不大，同时低压大片环网穿越较多的河流、湖泊、铁路和公路干线并不合理。

以上是用户直接与低压管网相连的情况。如果居民用户和小型商业用户均设置了单独的调压箱，可直接由中压管道供气。

给低压管网供气的区域调压站的数量，即各调压站的作用半径，应通过技术手段计算确定。调压站宜布置在供气区的中心，并应靠近管道的交会点。调压站一般应敷设在地上单独的建筑物或调压柜内。特殊情况下，也可敷设在地下，但应便于地上维修。目前已有地下敷设却可以在地上维修的调压器。

（2）三级燃气管网系统

乙城市原为中压 B-低压二级燃气管网系统，气源是煤制气。为了适应乙城市燃气发展的需要，将气源改为来自长输管线的天然气，为此在乙城市外围修建了次高压 A 燃气环网，形成了由次高压 A（1.6 MPa）、中压 B（0.2 MPa）和低压（3.5 kPa）组成的三级燃气管网系统，如图 1-4 所示。次高压 A 燃气环网的管道可以代替原来的低压储气罐进行更高压力的储气，提高了乙城市燃气供应的可靠性。

由于增设了次高压 A-中压 B 调压站，使原中压 B 燃气管网的供气点增加，提高了中压 B 燃气管网的输气能力，可以适应乙城市燃气负荷增加的需要。

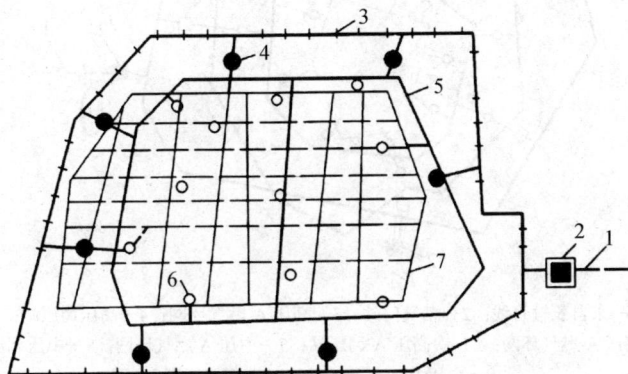

1—来自长输管线；2—燃气门站；3—次高压 A 燃气环网；
4—次高压 A-中压 B 调压站；5—中压 B 燃气环网；6—中低压调压站；7—低压管网。

图 1-4 三级燃气管网系统

资料来源：中国建筑工业出版社《燃气输配》。

（3）多级燃气管网系统

丙城市气源是天然气，原为南北两个方向长输管线供气，原有燃气供应系统为次高压 A、中压 A、中压 B、低压四级。由于丙城市的发展和规模扩大，燃气需求量急剧增加，因此，从城市东侧引入高压 A 天然气，并建有地下储气库，形成了由高压 A、次高压 A、中压 A、中压 B 和低压燃气管网（图中低压管网和给低压管网供气的区域调压站未画出）组成的五级系统，如图 1-5 所示。地下储气库可用来平衡用户用气的季节不均匀性，用高压 A 和次高压 A 管道储气平衡日用气的不均匀性。该系统大大增加了对丙城市的供气能力，满足了城市用气需要。气源来自多个方向，主要管道均连成环网，从运行管理方面来看，该系统既安全又灵活，保证了供气的可靠性。

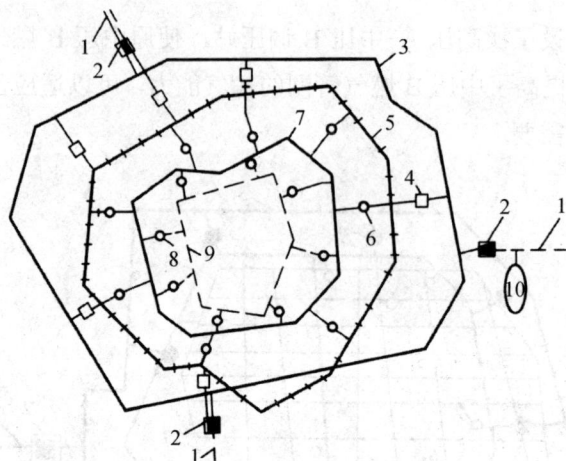

1—来自长输管线；2—燃气门站；3—高压 A 燃气环网；4—高压调压站；
5—次高压 A 燃气环网；6—次高压 A 调压站；7—中压 A 燃气环网；8—中压调压站；
9—中压 B 燃气环网；10—地下储气库。

图 1-5　多级燃气管网系统

第二章

------- ▼ -------

燃气输配场站的典型工艺及设备

　　燃气输配场站是根据燃气企业、用户、城市特点等方面的要求，为完成特定任务（如接收气源、气体质量检测、净化、计量、储存、调压、加臭、分配等）而配置的设施设备及构筑物。为确保燃气安全、稳定输送到各类燃气用户，各燃气企业对燃气输配场站的规划设计各有不同。根据气源不同，有单纯依靠长输管道供应的燃气公司，燃气输配场站需要解决一些常规问题，如过滤、调压、计量、加臭；长输管道暂时无法到达的燃气公司，需要解决气源问题，根据城市特点及运输成本情况，可以采用压缩天然气气瓶的方式供应，也可以采用液化天然气的方式供应，还可以采用液化石油气混空气的方式供应，不同的气源供应方式采用的输配场站也不同。压缩天然气气瓶作为气源供应时，需要解决高压储存安全问题、减压前加热问题、大区域减压问题。液化天然气作为气源供应时，需要解决低温储存问题、气化问题、低温排放安全问题。液化石油气混空气，需要解决热值配比问题、空气处理问题。加氢供应时，需要解决管道泄漏问题。本章结合燃气相关国家标准、法律规范、条例指引等对燃气输配场站组成、燃气输配场站典型工艺流程、燃气输配场站日常运行操作规程、燃气输配场站通用的设备设施等进行介绍。

第一节　燃气输配系统组成

　　燃气输配主要是将燃气从气源点输送到城市燃气门站，可以是长距离输气管道，也可以是移动式压力容器转运。进入燃气门站，完成贸易交接，完成特定的任务，输送到各类燃气用户。进入燃气用气设备前，首先根据安全及需要进行调压计量，再次完成贸易交接。全过程利用先进的计算机技术、通信技术、控制技术确保燃气供应安全和稳定。根据现行国家标准《城镇燃气设计规范（2020版）》（GB 50028）的规定：城镇燃气输配系统一般由燃气门站、燃气管网、储气设施、调压设施、监控系统等组成。城镇燃气输配系统设计应符合城镇燃气总体规划。

　　燃气门站，也称接收站、分输站。主要是接收外来天然气，进行气体质量检测、计量，完成贸易交接，根据城市供气的输配要求，进行分配、过滤、调压、加臭、储存，必要时完成清管作业和站控。

　　燃气管网，包含燃气输送管道及其附属设施，如阀门、安全装置（远传监控、放散、切断）、仪表装置、凝水缸、补偿器、阴极保护、阀门井，确保燃气安全平稳输送到各类燃气用户。

　　储气设施，提供稳定可靠的气源和满足调峰供应、应急供应等设置的储气装置和附属设施。气源能力储备还应符合国家现行相关政策的规定，储备设施建设应因地制宜、合理布局、统筹规划。可采用地下储气库、液化天然气储气罐、天然气储气罐方式。

　　调压设施，根据各类燃气用户用气压力要求及管网输气安全要求，将输配系统中的压力根据要求调节并稳定在合理范围内。包括阀门、过滤器、调压器、安全装置、仪表装置、旁通。

监控系统,是为了确保安全、高效科学的管理,通过计算机、通信技术、控制技术进行操作运行、控制管理系统。包含仪表装置、控制装置、管理设施和软件系统。可以实现调度优化、泄漏检测定位、工况预测、存量分析、负荷预测、调度员培训、安全监控、数据存储等。

第二节　燃气输配场站典型工艺流程

燃气输配场站是在燃气输送过程中为了完成某些特定任务而设置的一些设备及配套的附属设施,这些设备设施组合在一起的顺序构成工艺流程。不同的设备设施组合的顺序不同就形成不同的工艺流程,不同的工艺流程完成的工作任务可能是同样的,这需要对各种设备设施的性能进行了解,对场站的功能定位也需要充分考虑。我国燃气事业的发展相对来讲是比较快速的,新工艺、新设备、新材料、新技术的应用导致燃气在输配场站更新换代也比较频繁。

为了直观反映工艺流程中各设备的位置关系,以二维或三维的方式在图纸或绘图软件中呈现的图形被称为工艺流程图。工艺流程图的绘制要符合现行国家标准《燃气工程制图标准》(CJJ/T 130)《技术制图 图纸幅面和格式》(GB/T 14689)及《房屋建筑制图统一标准》(GB/T 50001)。

燃气输配场站工艺流程图是设计、建造、运行维护中比较重要的一部分,也是快速学习和了解场站、安全管理维护中比较重要的环节,本章将从典型的工艺流程进行介绍。

燃气输配系统主要包括三个部分:天然气开采集输系统、长距离输气系统、城市燃气输配系统。本章主要是针对城市燃气输配系统场站典型工艺流程进行介绍。

一、燃气门站工艺流程

不同燃气公司对燃气门站的要求不同，工艺流程不同，但燃气门站都离不开一个核心功能，即完成计量任务。根据流量计的安装使用要求，流量计需要具备以下功能：配套控制天然气气流的截断阀；记录仪器和仪表等监视系统；管道、管件、垫片和热绝缘；天然气分离器、过滤器；控制流量、压力的设备；用来选择流量计量管路的适当数量以满足计量站实际负荷的切换设备；以及需要考虑设置温差、噪声、防冻、防脉动流、减振、防雷等其他设备。综合考虑这些因素，设备与附属设施科学、合理、安全、高效地组合在一起就完成了计量功能。从场站安全管理的角度来看，还需要配置越站旁通、安全监控及切断装置、消防应急设施设备以及生产运行管理配套设施，综合考虑，形成计量站。目前大部分燃气公司燃气门站还需要考虑长输管道高压输送的压力无法满足城市管网的压力要求，需要进行压力调节，因此需要调压功能，除燃气调压器外，还需要阀门、过滤器、仪表装置、安全放散与切断装置、旁通。也需要考虑调压器维修时不间断供气的备用管路，以及调压器损坏自检和备用装置。大部分燃气公司考虑到输送安全性，会在燃气门站进行加臭作业，也会考虑到管道内部清理和管网检测而安装清管器收发装置。综合以上考虑，形成目前常规燃气门站的工艺流程，接收外来天然气，进行过滤、调压、计量、清管器收发、加臭并分配到各类用户。一些燃气公司考虑得更全面，会进行气质检测、燃气储存。

图 2-1 为燃气门站典型工艺流程，外来天然气进入燃气门站，根据清管任务接收上游发送过来的清管器，无清管任务时，完成常规的工艺流程，进入汇气管整流，一条供气管路经过滤器过滤、调压器调压稳压、流量计计量、加臭装置加臭后输送到城市管网。另一条供气管路采

用同样的工艺流程，作备用管路供维修或加大气量时使用。综合长远期考虑，外来天然气需要设置越站旁通管路，以备燃气公司使用。

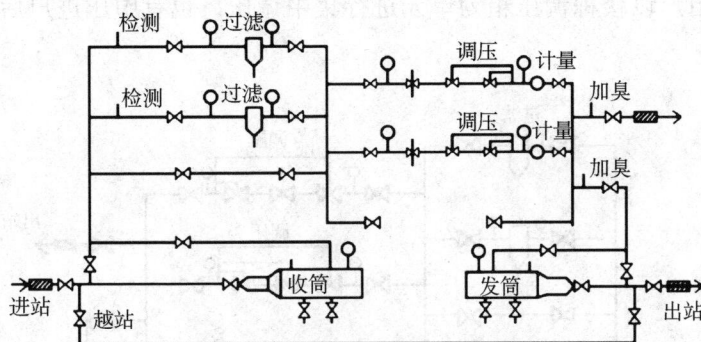

图 2-1　燃气门站典型工艺流程

二、高中压调压站工艺流程

部分燃气公司未在燃气门站完成调压，燃气门站接收外来天然气进行贸易交接计量后在高中压调压站完成调压，可以利用高压燃气管网形成储气设施，也可以更靠近用户完成压力调节，确保压力安全平稳地输送到城市各燃气用户。

图 2-2 为高中压调压站典型工艺流程，接收城市燃气门站输送来的天然气，根据清管任务接收燃气门站发送过来的清管器，无清管任务时，完成常规的工艺流程，进入汇气管整流，一条输气管路经过过滤器过滤、调压器调压稳压输送到城市管网。另一条输气管路采用同样的工艺流程，作为备用管路供维修或加大气量时使用。一般需要设置越站旁通管路。

三、中低压调压站工艺流程

根据燃气管网安全运行压力要求，城市埋地燃气管网压力一般为中压输送，进入居民社区或商业用户时需要将压力调至燃气器具使用的额定工作压力，设置中低压调压站，通常为箱式或柜式装置。居民用户以楼栋调压箱为单元进行集中调压，也有中压进户后分户调压。

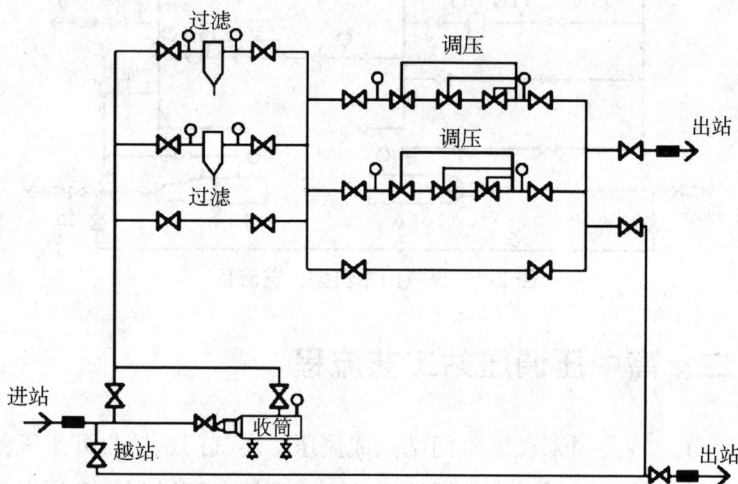

图 2-2　高中压调压站典型工艺流程

图 2-3 为中低压调压站典型工艺流程，接收城市中压燃气管网输送来的天然气，一条输气管路经过滤、调压输送到各用户计量装置前，另一条输气管路采用相同工艺流程以备维修时使用。

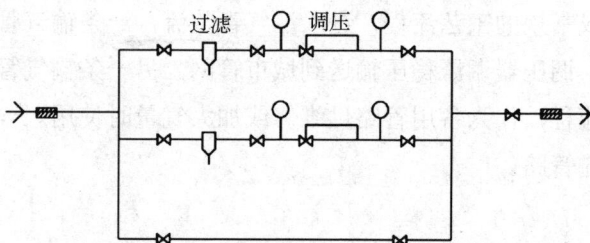

图 2-3　中低压调压站典型工艺流程

四、户内燃气设施工艺流程

燃气输配最后一项任务是对各类燃气用户进行贸易交接，安全平稳地将额定压力燃气输送到用气设备，完成燃气高效充分的应用。

图2-4为居民燃气用户典型工艺流程，接收楼栋调压箱输送来的燃气，经过计量输送到用气设备。

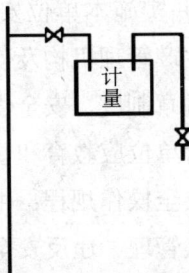

图 2-4　居民燃气用户典型工艺流程

第三节　燃气输配场站日常运行操作规程

操作规程是指为确保安全生产、工作顺利开展而制定的操作人员必须遵循的程序或步骤。安全操作规程是为了保证安全生产而制定的、操作者必须遵守的安全操作活动规程。它是根据企业的生产性质、机械设备的特点和技术要求，结合具体情况及群众经验制定的安全操作守则。是企业建立安全制度的基本文件、进行安全教育的重要内容，也是处理伤亡事故的一种依据。安全操作规程规定了操作过程应该做什么，不该做什么，设施或者环境应该处于什么状态，是员工安全操作的行为规范。

安全操作规程的编制依据包括现行国家和行业标准、规范、安全规程等；设备的使用说明书、工作原理资料，以及设计、制造资料；曾经出现的危险、事故案例及与本项操作有关的其他不安全因素；作业环境条件、工作制度、安全生产责任制等。

安全生产工作应当以人为本，坚持人民至上、生命至上，把保护人民生命安全摆在首位，树牢安全发展理念，坚持安全第一、预防为主、综合治理的方针，从源头上防范化解重大安全风险。生产经营单位的主要负责人组织制定并实施本单位安全生产规章制度和操作规程；生产经营单位的安全生产管理机构及安全生产管理人员组织或者参与拟订本单位安全生产规章制度、安全生产操作规程和安全生产事故应急救援预案；生产经营单位应教育和督促从业人员严格执行本单位的安全生产规章制度和安全操作规程；生产经营单位的从业人员不落实岗位安全责任、不服从管理、违反安全生产规章制度或者安全生产操作规程的，由生产经营单位给予批评教育，依照有关规章制度给予处分；构成犯罪的，依照刑法有关规定追究刑事责任。

安全生产操作规程的内容一般包含：

①操作前的准备，包括操作前做哪些检查，机械设备和环境应该处于什么状态，应做哪些调查，准备哪些工具等。

②劳动防护用品的穿戴要求，应该和禁止穿戴的防护用品种类，以及如何穿戴等。

③操作的先后顺序、方式。

④操作过程中机器设备的状态，如手柄、开关所处的位置等。

⑤操作过程需要进行哪些测试和调整，如何进行。

⑥操作人员所处的位置和操作时的规范姿势。

⑦操作过程中有哪些必须禁止的行为。

⑧一些特殊要求。

⑨异常情况如何处理。

⑩其他要求。

本章中的安全生产操作规程主要从操作前的准备、正常操作、操作结束、安全注意事项四个方面提醒操作者操作的先后顺序及注意事项。安全生产操作规程应包含所有的设备或工艺操作过程，以文字的形式张贴在操作者能够看到的醒目位置。本章重点列举几项常规工作操作规程。

一、工作、备用管线切换操作规程

一些设备长期闲置并不影响使用寿命及性能，为确保备用管线上的设备在关键时刻能发挥作用，工作管线与备用管线需要定期切换使用。管线切换操作过程主要是阀门操作，但需要按操作规程进行操作。

1. 操作前的准备

①操作者必须根据操作规程的内容，厘清流程，认真检查与操作规程有关的设备、仪表、阀门是否完好、灵活，了解操作方法及注意事项。

②操作前必须根据操作规程的内容，与调度室取得联系，获得相关行政许可，方可操作，并做好记录。

2. 正常操作

①根据操作指引，缓慢打开备用管线进口阀，依次打开压差表、压力表、出口阀。用可燃气体探测仪全线检查是否泄漏。

②关闭工作管线出口阀和进口阀。

③通过放散阀，将管道内气体排放，待压力为"0"时，关闭压力表、压差表阀。

3. 操作结束

①向调度员汇报操作完成情况。

②填写操作记录表。

4. 安全注意事项

①所有操作由一人完成，另一人做好安全监护。

②操作人员按要求穿防静电工作服，头戴安全帽，使用不发生火花的工具，配备必要消防器材。

③阀门应缓慢开启，且保证全开或全关。操作完毕后应悬挂正确的开关标识。

二、切断阀复位、压力调节操作规程（调压装置操作）

在运行过程中，如发现切断阀切断，分析正确原因后，需将切断阀复位，按切断阀复位操作规程进行操作。

1. 切断阀复位操作

①关闭进口、出口阀门。

②关闭信号启闭阀，开启测压嘴，将传感器膜腔内的气体排空。

③将手柄安装到切断阀复位卡槽，按照指示标识，缓慢旋转手柄，一般逆时针旋转90°，手柄无法继续旋转，缓慢放松手柄，当感觉手柄被固定住时表明复位成功。当手柄又旋回初始位置，表明复位未成功，继续复位，若复位仍未成功，需查明原因。

④缓慢开启信号启闭阀，让系统处于正常运行状态。

⑤缓慢开启进口阀门至全开，再开启出口阀门至全开。

2. 安全注意事项

①切断阀复位手柄在复位成功后应取下，以免在切断时伤人。

②切断阀复位后，运行一段时间待压力平稳后方可离开，以免再次切断。

③切断阀复位过程中，余气要排放到站外。

④切断阀复位过程中，出口压力表要保持关闭。

3. 调压器压力调节正常操作

根据生产运行调度中心指示对运行压力进行调节，需按操作规程进行。

①缓慢打开出口压力表针型阀。

②直接作用式调压器可直接调节主调压器皮膜上方调节螺杆，一般顺时针调节出口压力增大，逆时针调节出口压力降低。间接作用式调压器调节指挥器皮膜上方的调节螺杆，一般顺时针调节出口压力增大，逆时针调节出口压力降低。当出口压力升至指定压力时，停止螺杆调节。

③调压器运行一段时间后观察压力是否变化，若无变化，关闭压力表针型阀。

4. 安全注意事项

①调压器调节螺杆要缓慢进行。

②调压器压力参数要按指定流程调试。

三、收发清管器操作规程

为提高输气管道的输送效率和使用寿命，一般对大口径输气管道进行清管作业，根据场站特点及工作指令，有时会接收上游发送的清管指令，也会向下游发送清管指令。

1. 接收清管器正常操作

①接到清管指令，认真细致做好接收准备工作。

②全面检查和试验清管设施及有关系统，发现故障及时排除。

③提前切换接收线路，打开清管器收筒进气阀，待收筒内压力平衡后，全开阀门，打开旁通阀门，关闭原供气线路进口阀门，让燃气全部由收筒流通到下游，等待接收清管器。

④观察收筒上方的通过指示器，当通过指示器发出信号时，打开原供气线路进口阀门，关闭收筒进气阀门，关闭旁通阀门，放散收筒内气体，待压力为零时，打开排污阀进行排污。

⑤确定收筒内压力为"0"后，打开快开盲板。

⑥取出清管器，清洗收筒和快开盲板。

⑦检查快开盲板密封条，涂抹润滑油，关闭快开盲板。

⑧关闭放散阀，关闭排污阀，恢复通过指示器原始状态。

2. 安全注意事项

①打开快开盲板前应确认收筒内压力为"0"。

②快开盲板，正面和旋转面不得站人，以免打开盲板时伤人。

③清管器及脏物不得用手触碰。一般用专用工具和推车转移清管器。

3. 发送清管器正常操作

①接到调度指令，认真做好发送前准备工作。了解工作流程、操作规程、安全注意事项，熟悉工作方案及突发状况应急预案，准备好清管器及相应的工具，准备好应急物品及穿戴合格的工装。

②打开清管器发筒放散阀及压力表阀，确定发筒内压力为零。

③打开快开盲板，将清管器送至发筒底部大小头处塞实。

④检查快开盲板密封条，涂抹润滑油，关闭快开盲板，确定锁紧。

⑤关闭放散阀。

⑥缓慢打开发筒旁通阀，观察压力表，待压力平稳后全开阀门。

⑦用肥皂水或可燃气体检漏仪检查发筒气密性是否良好。

⑧打开发筒出口阀。关闭正常工作线路出口阀。

⑨观察清管通过指示器，确认清管器发出后，打开正常工作管线出口阀。关闭旁通阀和发筒出口阀。

⑩打开发筒上方放散阀，排尽发筒内燃气，关闭压力表阀。

4. 安全注意事项

①打开快开盲板前确认收筒内压力为"0"。

②快开盲板由一人操作，另一人负责安全监护。

③若发现异常，停止操作，查明原因，向上级汇报，条件允许重新申请操作指令。

④发送清管器前要与下游收筒站点做好对接。

⑤发送过程中密切关注压力变化，压力升高应及时做出应对处理。

四、流量计标定操作规程

按照《中华人民共和国计量法》和《计量检定规程》的规定，所有流量表在投入使用前，必须送当地质量技术监督局计量检定部门进行检定。流量计有一定的检验周期，必须遵守国家计量管理的相关规定，及时进行流量计周期检定，准确掌握在用流量计的运行质量，及时调整在用流量计的准确性。

以天然气为介质的燃气表使用周期不超过 10 年；人工燃气、液化石油气的燃气表使用期限不超过 6 年。这类燃气表只做首次强检，限期使用，到期更换。在使用过程中，要对不同使用年限的民用燃气表进行抽检，掌握在用民用燃气表的运行质量，延长在用民用燃气表的使用周期。

工商用户流量表 G10（含 G10）以上皮膜表检定周期为 3 年；涡轮流量计的检定周期为 2 年；腰轮流量计检定周期为 3 年。根据周期检定结果，判断流量表的运行质量，对慢表、死表，要及时维修和更换。涡轮流量计、腰轮流量计不规定使用年限，检定合格即可继续使用。

1. 正常操作

①根据检定时间安排，提前做好相关的准备工作，准备好备用流量计及安装工具。

②提前告知用户将用气设备停气。

③关闭表前阀、表尾阀。

④放散管道内燃气。

⑤拆卸燃气表进出气表接头。轻拿轻放，安全平稳地将待检燃气表进行包装送检。

⑥安装备用燃气表。

⑦缓慢打开表前阀，待压力稳定后，缓慢打开表尾阀。

⑧用肥皂水或可燃气体检漏仪对燃气表及表接头进行检漏。

⑨观察燃气表运行是否正常。

⑩将待检燃气表送到计量检验部门检定。

⑪将检定合格的燃气表重新安装投入使用。

2. 安全注意事项

①流量计属于精密仪器，拆卸、安装、运输过程中不得摔、砸、强行破坏。

②流量计管线燃气放散不得在室内及建筑物内，需用橡胶软管连接排放至空旷室外。

③不合格流量测量设备经相关计量机构维修并确认无法再使用的，由计量管理机构或计量员按相关流程上报申请报废。

五、安全巡回检查操作规程

燃气输配场站应定期进行安全巡回检查。

1. 正常操作

①穿戴防静电工作服、工作鞋、安全帽。

②领取工作任务，携带检漏工具及记录单据。

③按照制定的安全巡回检查线路进行巡查。

④检查各类工艺设施是否完好，有无锈蚀、松动、泄漏，做好记录。

⑤检查各种仪表是否正常，各仪表显示参数是否正常，做好记录。

⑥检查各种标识是否正常，做好记录。

⑦检查各消防设施是否正常，做好记录。

⑧检查场站环境卫生是否符合要求，做好记录。

2. 安全注意事项

①每次检查的工作人员不少于 2 人。

②认真检查，发现问题及时上报。

第四节　燃气输配场站通用的设备设施

一、阀门

阀门是用来改变输送介质流动方向和调节流量大小的设备。其在燃气输配中应用比较广泛，数量众多，关系着整个输配系统的安全平稳运行，操作人员对阀门的了解和运用相当重要。

阀门具有接通和截断介质，防止介质倒流，调节介质压力流量，分离、混合或分配介质，防止介质压力超过规定数值等保证管道或设备安全运行的作用。

1. 分类

（1）按用途和作用分类

①截断类：主要用于截断或接通介质流。如闸阀、截止阀、球阀、蝶阀、旋塞阀、隔膜阀。

②止回类：用于阻止介质倒流。包括各种结构的止回阀。

③调节类：调节介质的压力和流量，如减压阀、调压阀、节流阀。

④安全类：在介质压力超过规定值时，用来排放多余介质的阀门，保证管路系统及设备安全。

⑤分配类：改变介质流向、分配介质，如三通旋塞、分配阀、滑阀等。

⑥特殊用途：如疏水阀、放空阀、排污阀等。

（2）按使用压力分类

①真空阀：公称压力 PN 低于标准大气压的阀门。

②低压阀：公称压力 PN 小于 1.6 MPa 的阀门。

③中压阀：公称压力 PN 为 2.5～6.4 MPa 的阀门。

④高压阀：公称压力 PN 为 10.0～80.0 MPa 的阀门。

⑤超高压阀：公称压力 PN 大于 100 MPa 的阀门。

（3）按阀体材料分类

①非金属阀门：如陶瓷阀门、玻璃钢阀门、塑料阀门。

②金属材料阀门：如铸铁阀门、碳钢阀门、铸钢阀门、低合金钢阀门、高合金钢阀门及铜合金阀门等。

（4）按与管道连接方式分类

①法兰连接阀门：阀体带有法兰，与管道采用法兰连接的阀门。

②螺纹连接阀门：阀体带有螺纹，与管道采用螺纹连接的阀门。

③焊接连接阀门：阀体带有焊口，与管道采用焊接连接的阀门。

④夹箍连接阀门：阀体上带夹口，与管道采用夹箍连接的阀门。

⑤卡套连接阀门：采用卡套与管道连接的阀门。

2. 阀门识别

（1）阀门型号各单元表示的意义

阀门型号由阀门类型、驱动方式、连接形式、结构形式、密封面或衬里材料、压力、阀体材料 7 个部分组成，如图 2-5 所示。

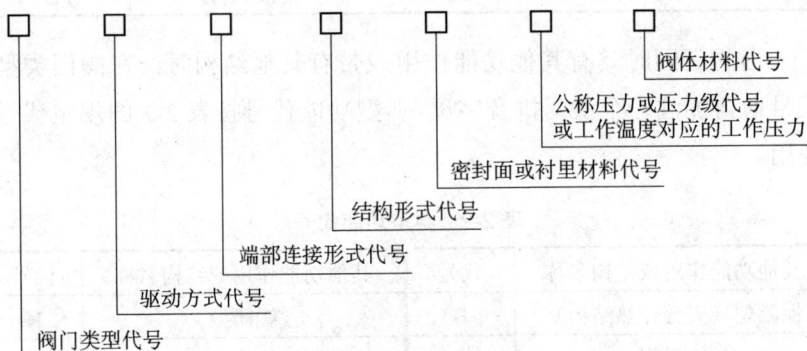

```
阀门类型代号
    驱动方式代号
        端部连接形式代号
            结构形式代号
                密封面或衬里材料代号
                    公称压力或压力级代号
                    或工作温度对应的工作压力
                        阀体材料代号
```

图 2-5 阀门型号

资料来源：《阀门 型号编制方法》（GB/T 32808—2016）。

（2）阀门类型表示法

1）阀门类型代号。

阀门类型代号用汉语拼音字母表示，见表 2-1。

表 2-1 阀门类型代号

阀门类型		代号	阀门类型		代号
安全阀	弹簧载荷式、先导式	A	球阀	整体球	Q
	重锤杠杆式	GA		半球	PQ
蝶阀		D	蒸汽疏水阀		S
倒流防止器		DH	堵阀（电站用）		SD
隔膜阀		G	控制阀（调节阀）		T
止回阀、底阀		H	柱塞阀		U

续表

阀门类型		代号	阀门类型	代号
截止阀		J	旋塞阀	X
节流阀		L	减压阀（自力式）	Y
进排气阀	单一进排气口	P	减温减压阀（非自力式）	WY
	复合型	FFP	闸阀	Z
排污阀		PW	排渣阀	PZ

当阀门同时具有其他功能作用或带有其他结构时，在阀门类型代号前再加注一个汉语拼音字母，典型功能代号按表 2-2 的规定代号使用。

表 2-2　典型功能代号

其他功能作用或结构名称	代号	其他功能作用或结构名称	代号
保温型（夹套伴热结构）	B	缓闭型	H
低温型	D[a]	快速型	Q
防火型	F	波纹管阀杆密封型	W

注：[a] 指设计和使用温度低于-46℃的阀门，并在 D 字母后加下注，标明最低使用温度。

2）驱动方式代号。

驱动方式代号用阿拉伯数字表示，见表 2-3 。

表 2-3　驱动方式代号

驱动方式	代号	驱动方式	代号
电磁动	0	伞齿轮	5
电磁-液动	1	气动	6
电-液联动	2	液动	7
涡轮	3	气-液联动	8
正齿轮	4	电动	9

3）连接形式代号。

以阀门进口端的连接形式确定代号，代号用阿拉伯数字表示，见表 2-4。

表 2-4 阀门连接形式代号

连接端形式	代号	连接端形式	代号
内螺纹	1	对夹	7
外螺纹	2	卡箍	8
法兰式	4	卡套	9
焊接式	6	—	—

4）阀门结构形式代号。

阀门结构形式用阿拉伯数字表示。具体参照《阀门 型号编制方法》（GB/T 32808）的相关规定使用。

3. 常见阀门结构及工作原理

（1）闸阀

闸阀是指启闭体（阀板）由阀杆带动阀座密封面做升降运动的阀门，可接通或截断流体的通道。当阀门部分开启时，在闸板背面产生涡流，易引起闸板的侵蚀和震动，也易损坏阀座密封面，修理困难。闸阀通常适用于不需要经常启闭，而且保持闸板全开或全闭的工况；不适用于调节或节流时使用。

（2）截止阀、节流阀

截止阀和节流阀都是向下闭合式阀门，启闭件（阀瓣）由阀杆带动，沿阀座轴线进行升降运动来启、闭阀门。

截止阀与节流阀的结构基本相同，只是阀瓣的形状不同，截止阀的阀瓣为盘形，节流阀的阀瓣多为圆锥流线形，特别适用于节流，可以改变通道的截面积，用以调节介质的流量与压力。

（3）球阀

球阀是阀杆带动镶嵌在阀体内的球型阀芯旋转启闭管线流体。球型阀芯内有一个与管道同内径的通道，开启时，流体无障碍通过阀体流向下游，当球型阀芯旋转90°时，在进口、出口处应全部呈现球面，从而截断流动。

（4）蝶阀

与管径同等大小的圆形阀芯，以圆板阀芯中心对称垂直支撑，圆板阀芯围绕支撑在管道内旋转，阀杆带动阀芯旋转90°，圆板阀芯与管道水平，形成两个半圆通道，流体通过，像蝴蝶的翅膀，形象地称为蝶阀。

（5）旋塞阀

与管道同径中空的锥形阀芯镶嵌在阀体内，与管道方向一致时，流体通过，当阀芯旋转90°时，中空的通道被旋转的阀体阻挡，切断管道上下游的流体，阀门关闭。流体直流通过，阻力减小，开启方便、迅速。

（6）止回阀

止回阀是指依靠介质本身流动而自动开、闭阀瓣，用来防止介质倒流的阀门。

4. 阀门的开关操作

①阀门启动有手柄和手轮两种，顺时针旋转为开启，逆时针旋转为关闭。手柄式一般旋转90°完成启闭，手轮式一般有指示针，当指针箭头旋转到"开"或"关"对应的位置时完成启、闭。

②开关阀门时用力要稳定、均匀，不能使用冲击力。

③阀门不能用于节流，必须全开或全关。

5. 阀门常见故障处理

（1）阀门压盖泄漏故障处理

1）小型阀门压盖泄漏故障处理。

①若盘根未压紧，则均匀拧紧压盖螺栓。

②若盘根圈数不够，则增加盘根数量。

③若盘根未压平，则将盘根均匀压平。

④若盘根使用过久失效，则修理或更换盘根。

2）较大型阀门压盖泄漏故障处理。

①阀门压盖松动，则拧紧压盖。

②阀门填料不够，则加注填料（密封脂）。

③阀门填料加注未压平，则均匀压平。

④阀门填料使用过久失效，则更换填料。

⑤阀杆磨损或腐蚀，则修理或更换阀杆。

（2）阀门不能开启或开启后不通气故障处理

①压盖（盘根）压得太紧，手轮无法转动时，适当调松压盖。

②阀杆螺纹与螺母无润滑油，弹子盘黄油干涸变质，有锈蚀时，清洗、润滑阀杆和弹子盘。

③阀杆与阀杆螺母或弹子盘间有污物时，则拆开清洗。

④阀杆弯曲变形或丝杆螺纹损伤时，校直或更换阀杆。

⑤盘根压盖未压正卡住阀杆时，调正压盖。

⑥阀门前后有污物、积水，堵塞阀门时，应排堵、排水。

⑦阀板与阀杆连接脱落时，应拆检阀体连接。

⑧管线有堵漏情况时，应排堵或查漏整改。

（3）阀门关不住或关不严故障处理

①密封面夹有污物，卸开清洗或用气流冲净污物。

②阀瓣或密封面磨损刺坏，更换新阀门。

（4）阀门阀杆转动不灵活故障处理

①若盘根压得太紧，则调整盘根压紧程度。

②阀杆传动装置无润滑油，弹子盘黄油干涸变质，有杂物、锈蚀，应先除锈，添加润滑油；若效果不佳，则拆开清洗。

③阀杆弯曲，丝杆脏污、锈蚀，可进行校直，清洗或更换丝杆。

④盘根压盖不正，调正盘根压盖。

二、过滤器

分离燃气气流夹带的杂物（灰尘、铁锈和其他杂物），保护下游管道设备免受损坏、污染、堵塞的组件。

1. 过滤器分类

①按结构型式分：Y 型（Y）、角式（J）、筒式（T）。

②按安装型式分：立式（V）、卧式（H）。

③按接口端面型式分：螺纹连接、焊接连接和法兰连接。

④按壳体材料分：碳钢、铸钢、低合金钢、不锈钢、球墨铸铁、可锻铸铁、铜及铜合金、铝合金。

⑤按工作方式分：普通式、快开门式。

⑥按滤芯数量分：单滤芯、多滤芯。

⑦按过滤精度分：0.5 μm、2 μm、5 μm、10 μm、20 μm、50 μm、100 μm。

⑧按最大允许工作压力分：0.01 MPa、0.2 MPa、0.4 MPa、0.8 MPa、1.6 MPa、2.5 MPa、4.0 MPa、6.3 MPa、10.0 MPa。

⑨按工作温度范围分：Ⅰ类为−10～60℃，Ⅱ类为−20～60℃。

2. 过滤器代号

（1）过滤器结构型式代号

过滤器结构型式代号见表 2-5。

表 2-5　过滤器结构型式代号

结构型式		代号
Y 型（Y）		RGL Y
角式（J）	非组焊结构	RGL J Ⅰ
	组焊结构	RGL J Ⅱ
筒式（T）	筒体为非组焊结构	RGL T Ⅰ
	测流式（筒体为钢管组焊结构）	RGL T Ⅱ
	直流式（筒体为钢管组焊结构）	RGL T Ⅲ
	测流式（筒体为钢板组焊结构）	RGL T Ⅳ
	直流式（筒体为钢板组焊结构）	RGL T Ⅴ
其他（Q）	楼栋调压箱用一体式过滤器等形式	RGL Q

（2）过滤器接口端面型式代号

过滤器接口端面型式代号见表 2-6。

表 2-6　过滤器接口端面型式代号

接口端面型式		代号
螺纹连接		L
焊接连接	承插焊连接	SW
	对焊连接	BW
法兰连接	突面（光滑面）	RF
	凹面	FM
	凸面	M

（3）过滤器壳体材料代号

过滤器壳体材料代号见表 2-7。

表 2-7　过滤器壳体材料代号

材料	代号
碳钢	C
铸钢	Z
低合金钢	A
不锈钢	S
球墨铸铁	Q
可锻铸铁	K
铜及铜合金	T
铝合金	L

3. 过滤器的型号编制

为统一过滤器生产、销售、使用，遵循国家颁布的相关标准执行，过滤器型号编制如图 2-6 所示。

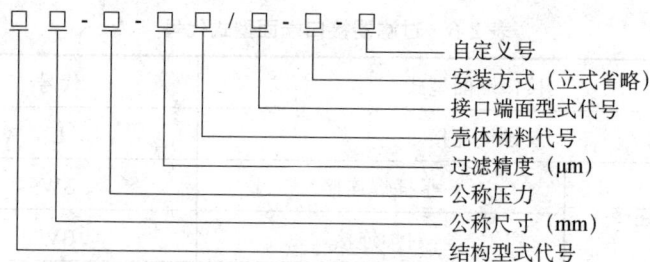

图 2-6　过滤器型号编制

资料来源：《燃气过滤器》（GB/T 36051—2018）。

结构型式为 T 形直流式（筒体为钢管组焊结构）、公称尺寸为管道外径 100 mm（DN100）、公称压力为 1.6 MPa、过滤精度为 5μm、壳体材料为碳钢、接口端面为法兰密封面，型式为凹面，安装方式为卧式、多滤芯的燃气过滤器，表示为 RGL T Ⅲ 100-16-5 C/FM-H-D。

4. 过滤装置的基本工艺配置

①过滤器本体包括壳体、滤芯及附属配件。

②必要的支撑，如支座等。

③阀门、仪表等相关配套设备。

5. 过滤器的操作

①定期给过滤器放水，打开过滤器底部的球阀，放出过滤器中的水直至放出燃气，关闭球阀。应将橡胶管套在球阀出口，将水排入水桶内，倒在指定的废水收集处。

②经常对过滤器各部位进行检查，检查法兰、阀门及顶盖等连接部位有无泄漏等。

③定期打开过滤器放散阀对过滤器内污物进行吹扫。吹扫时，关闭过滤器出口球阀，打开放散阀开始吹扫，当吹出气体为清洁天然气时，关闭放散阀，打开出口球阀，结束吹扫。

④当燃气门站过滤器压力降到 0.1 MPa，高中压调压站过滤器压力降到 0.05 MPa 时，必须清理过滤器滤芯，以提高脱除效率和延长过滤元件的使用寿命。

⑤清理过滤器的安全操作规程：

a. 开启备用管线或旁通阀门保证正常供气。

b. 关闭过滤器出口球阀，打开放散阀，将剩余燃气排放干净。打开过滤器下端的排污阀进行排污。

c. 观察过滤器前后的压力表待其读数为零时再进行下一步操作：

● 过滤器的维修内容主要是更换滤芯，且过滤器应按现行国家规程《固定式压力容器安全技术监察规程》（TSG 21）的规定进行定期检验，并按检验结果进行处理与修理。

● 拧下顶盖上的螺栓后提起并转动带吊杆装置的盖子。

- 打开滤芯顶部的螺母垫片，取下进行清洗。
- 将过滤器内滤芯移出配管区或室内，进行反向洗涤（最大压力=0.2 MPa）。清洗时使用的水、水汽、压缩风冲击力均应小于0.5 MPa。
- 滤芯清洗干净、晾干后装入滤筒内。
- 加上垫片，拧紧螺钉。
- 顶盖接触面上涂上黄油，盖好顶盖。
- 拧紧顶盖上的螺钉。

d. 安装完成后用气体检测仪（或皂液）进行气密性检验，无泄漏且合格后方可投入正常运行。

e. 在维修过程中必须使用防爆工具或涂抹黄油的铁制工具，避免因碰撞产生明火。

f. 过滤器排污的操作规程。

- 定期给过滤器排污，打开过滤器底部的球阀，放出过滤器中的水直至放出燃气，关闭球阀。应用橡胶管套在球阀出口，所有过滤器排污物必须集中处理，倒在指定的废水收集处，不得随意抛洒。
- 如有正在使用中的过滤器污物，应打开备用过滤器前后的阀门，关闭要排污过滤器前后的阀门。

g. 打开要排污的过滤器的排污阀。

缓慢打开要排污的过滤器的出口阀门，使气体反吹进滤网，使污物吹落在过滤器的排污管道内，然后使污物通过排污管排走。

6. 安全注意事项

①必须确认排污干净，无污物堵塞憋压情况才能打开快开头盖。
②打开快开头盖时，一定不能将身体正对快开头盖。
③反吹时一定要缓慢打开阀门。
④排污管出口处没有污物时要停止反吹。

三、调压装置

气体压力升高是单位体积内分子数量增加或分子速度提高，使得动能转换为压力能，一般通过压缩机完成。而使气体压力降低一般采用节流、膨胀、降温等方式，一般通过调压器来完成。

燃气调压器是一种自动调节燃气出口压力，使其稳定在某一压力范围内的装置，是一种自我容纳、自我操作的控制设备，它利用控制系统本身的能量进行操作，而控制阀则需要外部的电源、传输设备和控制设备。

1. 调压器的分类

①按作用原理可以分为直接作用式调压器和间接作用式调压器。直接作用式调压器是指利用出口压力变化，直接控制驱动器带动调节元件运动的调压器。一般用于中低压，敏感元件皮膜可以直接感受燃气与弹簧压差。间接作用式调压器是指利用出口压力变化，经指挥放大后来控制驱动器带动调节元件运动的调压器。一般用于高中压，敏感元件感受压力差，减少弹簧及空气的压力，稳压精度高。

②按用途或使用对象分为区域调压器、专用调压器、用户调压器。区域调压器是指用于供应某一地区的居民用户或企事业单位用户的调压器，压力调节级制从一级到下一级或下两级，压力高、流量大；专用调压器是指专供某一单位的特殊需要而设置的调压器，压力调节级制为从一级到下几级；用户调压器是指专为某一用户或一个单元用户设置的调压器。

③按进出口压力分为高高压调压器、高中压调压器、高低压调压器、中中压调压器、中低压调压器、低低压调压器。

④按结构分为浮筒式调压器和薄膜式调压器，薄膜式调压器又分为重块式调压器和弹簧式调压器。

⑤按被调参数分为前调压器和后调压器。

2. 调压器的组成

调压器一般由作用元件（阀口、阀瓣）；敏感元件（皮膜）；负载元件（弹簧、重物、指挥器）；围护元件（阀体）；信号元件（连接下游管道的信号管）5 个部分组成。阀口越大，流量越大，但稳定性会变差，每个调压器需要合适的阀口确保稳定性。皮膜越大，调压器越敏感。弹簧的耐久性决定调压器的稳定性，各设备厂家也在不断改进弹簧的质量。信号管分内置信号管和外置信号管，通常外置信号管较内置信号管要稳定。

3. 调压器的技术要求

（1）外观要求

①调压器表面应进行防腐处理，防腐层应均匀，色泽一致，无起皮、龟裂、气泡等缺陷。

②调压器与附属装置及指挥器间的连接管应平滑，无压瘪、碰伤等。

③调压器阀体表面应根据介质流动方向标识永久性箭头，标牌、使用说明书和包装应符合的要求。

（2）稳压精度等级要求

调压器应符合制造单位明示的稳压精度等级（AC）及相应的最小流量和最大流量，稳压精度等级应符合表 2-8 的要求。

表 2-8　稳压精度等级

稳压精度等级	最大允许相对正、负偏差/%
AC1	±1
AC2.5	±2.5
AC5	±5
AC10	±10
AC15	±15

（3）关闭压力等级要求

当调压器出口压力达到设定值时，阀口关闭，关闭压力等级（SG）应符合表 2-9 的要求，各设备厂家应标明调压器关闭压力等级值。

表 2-9　关闭压力等级

关闭压力等级	最大允许相对增量/%
SG2.5	2.5
SG5	5
SG10	10
SG15	15
SG20	20
SG25	25

4. 调压器的型号

以调压器"RTZ50FL4A"为例，其中"R"表示燃气；"T"表示调压器；"Z"表示工作原理代号，直接作用式；"50"表示调压器公称直径 50 mm；"F"表示连接形式，法兰连接，"L"表示螺纹连接；"4"表示最大进口压力；"A"表示公司产品自定义号。

5. 调压站的组成

调压站一般由阀门、过滤器、安全装置、燃气调压器、仪表、旁通 6 个部分组成，其中安全装置由安全切断阀和安全放散阀 2 个部分构成，仪表由一次仪表和二次仪表组成，一次仪表为现场显示仪表，二次仪表为远传仪表。调压器可以串联设置和并联设置。楼栋调压箱可以不装旁通管。

6. 调压站的代号

以燃气调压箱"RX200/0.4 2+1-A1"为例，其中"R"表示燃气；

"X"表示调压箱;"200"表示公称流量 200 m³/h;"0.4"表示最大进口压力为 0.4 MPa;"2+1"表示调压管道结构代号:2 路管线,1 路旁通;"A1"表示自定义功能。

7. 调压站的操作

(1)调压器的运行参数

在运行调试和维护调压器时,要弄清几项关键参数,进口压力 P_1、出口压力 P_2、关闭压力 P_b、切断压力 P_q、放散压力 P_f。

(2)各运行参数的关系

①关闭压力 P_b 达到出口压力 P_2 的 10%~25%为合格范围,在实际操作过程中,一般以关闭压力不超过出口压力 20%为合格。

②放散压力 P_f 一般设定为出口压力 P_2 的 30%,即出口压力超过运行设定压力 30%时,放散阀开始放散。

③切断压力 P_q 一般设定为出口压力 P_2 的 40%,即出口压力超过运行设定压力的 40%时,切断阀开始切断。

(3)调压站的调试

工作人员操作前要做好准备工作,切忌直接动手操作和误操作,以免造成安全事故,具体如下:

①操作人员应穿着防静电工作服、安全帽及工作鞋。

②不得将易燃易爆物品及电子产品带进场内。

③配备必要的防爆工具及应急用品。

④检查阀门的关闭情况。

⑤检查仪表是否正常。

当各项操作完毕,才能正常操作,具体如下:

①检查工艺系统是否牢固,各阀门是否处于工作状态,弹簧压力表是否正常。

②缓慢打开调压器前的进气阀门,观察进口压力表,检查调压器、

切断阀的连接处及阀体是否泄漏。

③打开切断阀，将通过压力调至最大。

④打开主调压器，将压力调至规定的切断压力。

⑤调试切断阀，直到切断阀切断，固定切断阀的切断位置。

⑥将主调压器的调节压力降低，复位切断阀。

⑦将调压器出口压力调至切断压力，观察切断阀是否正常切断（一般切断 3 次为合格）。

⑧根据要求将调压器调至规定的压力，观察调压器是否正常运行（运行压力和关闭压力）。

⑨打开出口阀，微调运行压力。

⑩调压站调试运行正常，填写记录。

（4）常见故障及解决办法

1）调压器阀口打不开。

原因：皮膜破裂失效；调压器进口无压力；指挥器无进口压力。

解决措施：更换皮膜；检查进口阀是否打开；检查指挥器入口导压管是否堵塞或冰堵。

2）调压器出口压力降低。

原因：进口压力不够；实际流量超出设计流量；指挥器送气管路堵塞；过滤器进口堵塞；主弹簧或指挥器弹簧失效或选型不当；阀口结冰或进气口被脏物堵塞。

解决措施：提高进口压力；根据实际流量需要更换相应调压器类型；进行检查清理疏通；更换检查弹簧；对进口气体进行加热或打开调压器清理脏物。

3）调压器出口压力升高。

原因：调压器阀口关闭不严；调压器皮膜漏气；调压器内密封件受损；指挥器气体耗散孔堵塞。

解决措施：清理阀口或更换阀垫；更换皮膜；更换密封件；检查

指挥器气路。

4）调压器螺栓漏气。

原因：皮膜未压平或压偏；螺栓拉长丝扣损坏；调压器皮膜损坏。

解决措施：松开螺栓重新紧固或更换；更换螺栓；更换皮膜。

5）调压器震动。

原因：操作过快；针型阀开度不合适；调压器选择不当。

解决措施：缓慢操作；调整开度；选择合适的调压器。

（5）调压站的维护

调压站应根据规定开展定期维护，维护内容如下：

①设备维护（过滤器/换热器/压力容器/调压设施）；

②附属设施维护（阀门/安全装置）；

③仪表装置（压力表/压差表/温度表/变送器/液位表）。

调压站定期检查内容如下：

①关闭压力检查；

②切断压力检查；

③放散压力检查；

④易损件检查（阀口垫/皮膜/O 形密封圈等）；

⑤滤芯检查。

根据维护时间和内容定期开展三级维护，三级维护内容如下：

A. 一级维护保养（每日/每月）

每日巡检的主要内容：检查调压器的运行压力、关闭压力；检查泄漏；检查清洁工作；对发现的问题现场处理；做好巡检记录。

每月至少巡检一次的主要内容：记录压力（压差）仪表、温度仪表、液位仪表和计量仪表的数值；检查规定的压力容器、安全附件和仪器仪表等是否在有效期内；对调压装置和箱体等进行外观检查；对管路系统各连接处的法兰和螺纹接口等进行泄漏检查；对过滤器进行排污，必要时打开过滤器头部并对滤芯进行清洗或更换；检查球阀、蝶阀或闸阀等截断阀的开关灵活性；检查调压器、切断阀和放散阀等设备的设定值是否为规定值；检查电动、气动及其他动力系统是否工作正常。

B. 二级维护保养（半年/1 年）

a. 一级维护保养的全部内容。

b. 检查调压器和切断阀等关键设备（阀座、阀芯等）的运动磨损情况，并根据需要，进行清洁或更换处理。

c. 对包含两条及以上调压线路、计量线路或过滤线路配置的调压装置，应将备用线路换为工作线路。对检修后的系统应经过不少于24 h 且不超过 1 个月的正常运行，才可转为备用状态。

d. 在线维护注意置换维修线路的管道及调压设备内的天然气。

e. 拆除调压器的固定螺栓。消除各部位油污，除油润滑，保证活动自如，检查清洗过滤器情况。

f. 检查调压器指挥器内 O 形圈、皮膜等元件，调压器阀垫如有损坏、老化或龟裂应立即更换。

g. 各法兰连接拆开后应该更换其间的垫片。

C. 三级维护保养（2—3 年）

a. 二级维护保养的全部内容。

b. 对调压器、切断阀、放散阀等设备进行整体拆卸检查，并对内部橡胶件进行更换。

c. 对高压、次高压调压装置，用户自定义为重点的调压装置，以及燃气气质较差的调压装置，其维护保养周期应缩短，且必须有人监护。

d. 寒冷地区在采暖期前应检查调压装置的采暖状况或调压器的保温情况，大比例调压要定期检查加热或伴热装置。

四、仪表装置

仪表，显示数值的仪器总称，用于测量和直观反应燃气输配过程中各种物理量，包含压力表、温度表、流量表、物位表、控制表、电工表等。

1. 压力表

压力表的工作原理是通过表内的敏感元件（波登管、膜盒、波纹管）的弹性形变，再由表内机芯的转换机构将压力形变传导至指针，引起指针转动来显示压力。

（1）压力表的分类

①压力表分为精密压力表、一般压力表。

精密压力表的测量精确度等级分别为 0.1 级、0.16 级、0.25 级、0.4 级和 0.05 级；

一般压力表的测量精确度等级分别为 1.0 级、1.6 级、2.5 级、4.0 级；

一般压力表仪表外壳公称直径（mm）系列：$\Phi40$、$\Phi60$、$\Phi100$、$\Phi150$、$\Phi200$、$\Phi250$。

②压力表按其测量基准。

压力表按其指示压力的基准不同，分为一般压力表、绝对压力表、差压表。一般压力表以大气压力为基准；绝对压力表以绝对压力零位为基准；差压表测量 2 个被测压力之差。

③压力表按其测量范围分为真空表、压力真空表、微压表、低压表、中压表及高压表。

④压力表按其显示方式分为指针压力表、数字压力表。

⑤压力表按其使用功能不同，分为就地指示型压力表和带电信号控制型压力表。

⑥压力表按测量介质特性不同可分为一般型压力表（用于测量无爆炸、不结晶、不凝固对铜和铜合金无腐蚀作用的液体、气体或蒸汽的压力）、耐腐蚀型压力表（用于测量腐蚀性介质的压力，常用的有

不锈钢型压力表、隔膜型压力表等)、防爆型压力表(用在环境有爆炸性混合物的危险场所，如防爆电接点压力表，防爆变送器等)、专用型压力表(由于被测量介质的特殊性，在压力表上应有规定的色标，并注明特殊介质的名称)。氧气表必须标以红色"禁油"字样，氢气用深绿色下横线色标，氨气用黄色下横线色标等。

⑦压力表按敏感元件分类：弹簧管(波登管)式压力表、膜片压力表、膜盒压力表及波纹管式压力表。

（2）压力表操作规程

①压力表使用范围应选用在全量程的 1/3～2/3。

②测量氧气和氨气的压力时，应使用专用的仪表，不得把非专用仪表用于此处。

③在介质温度高于 150℃的地方测量压力时，应选用高温压力表。普通压力表使用温度不应超过 60℃。

④在特殊使用条件下，仪表应采取以下措施：

为了保证仪表不受被测介质的高温影响，应安装充有液体的隔热弯管或隔离罐；

为了保证仪表不受被测介质腐蚀或高黏度液体的影响，应安装隔离器；

为了保证仪表不受被测介质的急剧变化或脉动压力影响，应安装缓冲器；

为了保证仪表不受振动影响，应采取减振措施。

⑤安装压力表或真空表时，必须使用合乎规格的专用接头，不得将表直接拧在阀门上。

⑥安装压力表时，必须安装切断用的球型阀或针型阀，阀门位置应靠近取压点。不允许再连接作其他用途的任何配件和接管。

⑦启用注意事项：

启用前做好准备工作，先打开引压阀，检查管路阀门和接头，不得有渗漏；

启用时，应缓慢地打开接至仪表的阀门，并检查表内有无泄漏，如有泄漏，应立即处理。

⑧运行中如发现有超量程现象，应立即停止使用。

⑨压力表要根据所配设备的最高安全工作压力设置红线，红线应清晰、牢固、可靠。

⑩读数时眼睛应与压力表平面垂直，以表针平稳时的读数为准。

⑪仪表铅封不得随意撤除。

⑫仪表移动时，要注意轻拿轻放，防潮避晒。

2. 温度表

从宏观上看，温度是表示物体冷热程度的物理量。从微观上看，温度标志着物质分子热运动的剧烈程度。

温标：温标是衡量温度的标准尺度，是温度数值化的标尺，各种温度计的刻度数值均由温标确定，主要有华氏温标、摄氏温标、热力学温标和国际实用温标。摄氏温标 C、华氏温标 F、热力学温标 T，关系为：$T=273+C$；$C=5/9（F-32）$；$F=9/5C+32$。

温度不能直接测量，通过对某些物理特性变化量的测量间接获得温度值。

（1）温度计分类

根据温度测量仪表的使用方式，通常可分类为接触式与非接触式两大类。接触式温度计有双金属温度计、压力式温度计、玻璃管液体温度计、热电阻、热电偶。非接触式温度计有光学高温计、辐射高温计。

（2）温度计操作规程

①玻璃管液体温度计是由水银或者染色的酒精封闭在玻璃腔内构成的直观的温度计。双金属温度计是由两种不同的金属压接在一

起，然后绕成螺旋状封装在金属管内而构成，这两种温度计都有结构简单、直观、价格低廉的特点。但是，水银和酒精的液体是有毒的，如果外泄，将严重污染环境。使用此种温度计时，要轻拿轻放，不要损坏。双金属温度计的感温部分比较脆弱，稍受碰撞，即可影响其精度，在移动或安装过程中，要注意防护。

②使用温度计时，观察温度计是否符合要求。即温度计玻璃应光洁透明，不得有裂痕；分度线数字、符号、标志应完整、清晰；金属保护套连接螺纹完好，耐压强度符合出厂要求。

③要求温度计感温液体必须纯洁、无气泡和其他杂质，液柱体显示清晰，金属套内要干燥清洁。

④液柱不得中断、倒流（真空的除外），上升时不得有明显的停滞或跳跃现象；下降时不得留有液滴或挂色。

⑤水银（或酒精）温度计水银柱脱节时的处理方法：

a. 将温度计整体置于热水中，待脱节液柱连接在一起时取出在室温下冷却，这是加热法；

b. 将温度计整体置于冰水混合物或干冰中，待脱节液柱冷缩到液柱弯月面为止，这是冷却法；

c. 在桌面垫一层有弹性的软物质（如橡皮），将温度计下端垂直向弹性物轻微冲击或振动，直到脱节液柱下落与液柱连接为止，这是重力法；

d. 用手紧握温度计上端，急速甩动直到脱节液柱与下部液柱连接为止，这是甩干法。

⑥温度计的校验：

a. 示值校验，校验点可分为温度计主标尺的始、末和中间任意点，三点或五点进行检定。

b. 校验顺序：分别向上限或下限方向逐点进行。有零点的应先检定零点，其方法是将干净的自来水冰破碎成颗粒状，放入冰点槽中，并加入适量的自来水，然后用干净的玻璃棒搅拌，并压紧避免其中含有气泡，温度计垂直插入冰点水中，感温点距离槽壁和底部均不少于 50 mm。

c. 其他各点应将温度计垂直插入恒温槽中，与标准温度计进行比较，注意控制恒温槽温度偏离检定点±0.5℃，待示值稳定后读数，读数过程中槽温变化应小于±0.1℃。

d. 校验读数时视线应与液柱弯月的最高点（水银）或最低点（有机液体）相切，读数时可用放大镜读数，应估计到分度值的 1/10。温度计读数，一般应在温度计插入恒温槽中 10 min（水银）或 15 min（酒精或有机物）以后进行。

e. 校验不合格的温度计应停止使用。

五、安全装置

安全装置通过自身的结构功能限制或防止机器的某种危险，或限制运动速度、压力等危险因素。燃气输配场站安全设施是确保燃气设施正常、稳定、安全运行的辅助装置、设备与设施，其功能和作用可以从预防燃气安全事故、控制燃气安全事故、消除和减少燃气安全事故影响这几个方面分类；或按照燃气设施的安全保护装置和安全警示标志分类。按照类型分为机械类型（安全切断、安全放散、安全回流等）、电气类型（防爆电器、防爆照明、防爆开关等）、检测类型（可燃气体分析、可燃气体泄漏检测、地下管线探测等）、职业安全防护类型（防毒呼吸器、警示隔离护栏、防撞、防静电、防雷等）、信息类型（监视监控及调度、消防报警等）、警示类型（标识牌、标识桩等），本章重点介绍安全阀操作相关知识。

1. 弹簧式安全阀的清洗操作

①关闭安全阀上游阀门。

②打开安全阀（或其他放空处），使安全阀上流管段泄压放空。

③卸下阀顶护罩，松开固定螺母，然后松开调节螺丝，以卸去对弹簧的压力。

④卸下阀盖，对其各部分进行清洗。

⑤清洗时检查阀芯与阀座的光滑、洁净情况，以确保密封性能。

⑥清洗检查后，装好各部件，装上阀盖。

2. 弹簧式安全阀的重新调试操作

①安全阀的调试必须由有资质的单位执行。

②关闭放空阀或其他放空处。

③缓开安全阀上游阀门。

④旋转调节螺丝以压紧（或松开）弹簧，使阀瓣恰好在要求的放散压力时打开，放散压力设定在额定压力的 $1.05\sim1.15$ 倍。

⑤设定好后，使安全阀放散三次，检查其放散压力和阀座密封情况，要求安全阀动作灵敏、准确。

⑥调试完后，固定好锁紧螺母，套上护罩。

3. 弹簧式安全阀操作注意事项

①安全阀清洗完毕后，必须重新调试。

②应选用轻油类清洗安全阀。

③调试完后初运行阶段，应仔细观察安全阀的运行情况。

④定期检查运行中的安全阀是否出现泄漏、卡阻及弹簧锈蚀等不正常现象，并注意观察调节螺套及调节圈紧定螺钉的锁紧螺母是否有松动，若发现问题应及时采取适当措施。

⑤安装在室外的安全阀要采取适当的防护措施，以防止雨雾、尘埃、锈污等脏物侵入安全阀及排放管道，当环境低于 0℃时，还应采取必要的防冻措施以保证安全阀动作的可靠性。

⑥对安全阀进行操作时除遵守相关规程外，还应遵守《压力容器安全技术监察规程》和现行行业标准《安全阀安全技术监察规程》（TSG ZF001）的相关规定。

4. 先导式安全阀的重新调试操作

①关闭安全阀上游的切断阀门。

②拆下导阀下端过滤器与主阀连接处的管道。

③在导阀进口处接上空气或氮气气源。

④旋转导阀调节螺丝以压紧（或松开）弹簧，使导阀开启压力达到设定压力。

⑤连接好导阀与主阀之间的管道。

⑥打开安全阀前的切断阀门。

⑦用新鲜肥皂水检查各连接部位有无漏气。

⑧控制安全阀前压力，使安全阀起跳，排放和回座，反复测试几次，观察并记录开启压力、排放压力和回座压力值，每次排放压力和回座压力与整定压力（开启压力）之差应在规定的精度范围内。

⑨调试完毕后，固定好锁紧螺母。

5. 先导式安全阀操作注意事项

①发现安全阀动作不灵敏，起跳压力和回座压力与设定值偏离较多时，应进行检查维修。

②定期检查运行中的安全阀是否出现泄漏、卡阻及弹簧锈蚀等不正常现象，并注意观察调节螺套及调节圈紧定螺钉的锁紧螺母是否有松动，若发现问题应及时采取适当措施。

③应定期将安全阀拆下进行全面清洗，检查并重新定压后方可重新使用。

④安装在室外的安全阀要采取适当的防护措施，以防止雨雾、尘

埃、锈污等脏物侵入安全阀及排放管道，当环境低于0℃时，还应采取必要的防冻措施以保证安全阀动作的可靠性。

⑤重新调试完后，初运行阶段应仔细观察安全阀的运行情况。

⑥对安全阀进行操作时除遵守相关规程外，还应遵守《压力容器安全技术监察规程》和现行行业标准《安全阀安全技术监察规程》（TSG ZF001）相关规定。

6. 先导式安全阀常见故障及排除方法

先导式安全阀常见故障、产生原因及解除方法参照表2-10。

表2-10　先导式安全阀常见故障、产生原因及解除方法

故障现象	产生原因	解除方法
关闭不严、漏气	主阀或导阀软密封件损坏	更换软密封件
调节、给定不灵	有污物堵塞、整定弹簧不对	清洗导阀及主阀，更换整定弹簧
安全阀不动作	①零件损坏，如导阀上阀口或节流孔等	更换损坏零件
	②脏物、铁屑等卡住	清洗
	③安全阀的参数不对，如压力范围与使用范围不一致	更换导阀或导阀整定弹簧

第五节　燃气输配场站设计规范

燃气输配场站设计应符合现行国家标准《城镇燃气设计规范（2020版）》（GB 50028）相关要求，具体如下：

燃气门站和储配站站址选择应符合下列要求：站址应符合城镇总体规划的要求；站址应具有适宜的地形、工程地质、供电、给水排水

和通信等条件；燃气门站和储配站应少占农田、节约用地并注意与城镇景观等相协调；燃气门站站址应结合长输管线位置确定；根据输配系统具体情况，储配站与燃气门站可合建；储配站内的储气罐与站外的建、构筑物的防火间距应符合现行国家标准《建筑设计防火规范（2018 年版）》（GB 50016）的有关规定。站内露天燃气工艺装置与站外建、构筑物的防火间距，以及甲类生产厂房与厂外建、构筑物的防火间距应符合表 2-11 的要求。

表 2-11　储配站内的储气罐与站内的建、构筑物的防火间距

储气罐总容积/m³	≤ 1 000	> 1 000～ ≤10 000	> 10 000～ ≤50 000	> 50 000～ ≤200 000	> 200 000
明火、散发火花地点/m	20	25	30	35	40
调压室、压缩机室、计量室/m	10	12	15	20	25
控制室、变配电室、汽车库等辅助建筑/m	12	15	20	25	30
机修间、燃气锅炉房/m	15	20	25	30	35
办公、生活建筑/m	18	20	25	30	35
消防泵房、消防水池取水口/m	20				
站内道路（路边）/m	10	10	10	10	10
围墙/m	15	15	15	15	18

储气罐或罐区之间的防火间距应符合下列要求：①湿式储气罐之间、干式储气罐之间、湿式储气罐与干式储气罐之间的防火间距，不应小于相邻较大罐的半径；②固定容积储气罐之间的防火间距，不应

小于相邻较大罐直径的 2/3；③固定容积储气罐与低压湿式或干式储气罐之间的防火间距，不应小于相邻较大罐的半径；④数个固定容积储气罐的总容积大于 200 000 m³ 时，应分组布置。组与组之间的防火间距应满足卧式储罐，不应小于相邻较大罐长度的一半；球形储罐，不应小于相邻较大罐的直径，且不应小于 20 m。

燃气门站和储配站总平面布置应符合以下要求：①总平面应分区布置，即分为生产区（包括储罐区、调压计量区、加压区等）和辅助区。②站内各建筑物之间的防火间距应符合现行国家标准《建筑设计防火规范（2018 年版）》（GB 50016）的有关规定。站内建筑物的耐火等级不应低于现行国家标准《建筑设计防火规范（2018 年版）》（GB 50016）"二级"的规定。③站内露天工艺装置区边缘距明火或散发火花地点不应小于 20 m，距办公、生活建筑不应小于 18 m，距围墙不应小于 10 m。与站内生产建筑的间距按工艺要求确定。④储配站生产区应设置环形消防车通道，消防车通道宽度不应小于 3.5 m。

当燃气无臭味或臭味不足时，燃气门站或储配站内应设置加臭装置。

燃气门站和储配站的工艺设计应符合以下要求：①功能应满足输配系统输气调度和调峰的要求；②站内应根据输配系统调度要求分组设置计量和调压装置，装置前应设过滤器；燃气门站进站总管上宜设置分离器；③调压装置应根据燃气流量、压力降等工艺条件确定设置加热装置；④站内计量调压装置和加压设备应根据工作环境要求露天或在厂房内布置，在寒冷或风沙地区宜采用全封闭式厂房；⑤进、出站管线应设置切断阀门和绝缘法兰；⑥储配站内进罐管线上宜设置控制进罐压力和流量的调节装置；⑦当长输管道采用清管工艺时，其清管器的接收装置宜设置在燃气门站内；⑧站内管道上应根据系统要求设置安全保护及放散装置；⑨站内设备、仪表、管道等安装的水平间距和标高均应便于观察、操作和维修。

站内宜设置自动化控制系统，并宜作为输配系统的数据采集监控系统的远端站。

站内燃气计量和气质的检验应符合下列要求：①站内设置的计量仪表应符合表 2-12 的规定；②宜设置测定燃气组分、发热量、密度、湿度和各项有害杂质含量的仪表。

表 2-12　站内设置的计量仪表

进、出站参数	功能		
	指示	记录	累计
流量	+	+	+
压力	+	+	—
温度	+	+	—

注：表中"+"表示应设置。

燃气储存设施的设计应符合以下要求：①储配站所建储罐容积应根据输配系统所需储气总容量、管网系统的调度平衡和气体混配要求确定；②储配站的储气方式及储罐形式应根据燃气进站压力、供气规模、输配管网压力等因素，经技术经济比较后确定；③确定储罐单体或单组容积时，应考虑储罐检修期间供气系统的调度平衡；④储罐区宜设有排水设施。

低压储气罐的工艺设计，应符合以下要求：①低压储气罐宜分别设置燃气进、出气管，各管应设置关闭性能良好的切断装置，并宜设置水封阀，水封阀的有效高度应取设计工作压力（以 Pa 表示）乘 0.1 加 500 mm。燃气进、出气管的设计应能适应气罐地基沉降引起的变形。②低压储气罐应设储气量指示器。储气量指示器应具有显示储量功能及可调节的高低限位声、光报警装置。③储气罐高度超越当地有关的规定时应设高度障碍标志。④湿式储气罐的水封高度应经过计算后确定。⑤寒冷地区湿式储气罐的水封应设有防冻设施。⑥干式储气罐密封系统，必须能够可靠地连续运行。⑦干式储气罐应设置紧急放散装置。⑧干式储气罐应配有检修通道。稀油密封干式储气罐外部应设置检修电梯。

高压储气罐的工艺设计，应符合下列要求：①高压储气罐宜分别设置燃气进、出气管，不需要起混气作用的高压储气罐，其进、出气管也可合为一条；燃气进、出气管的设计宜进行柔性计算；②高压储气罐应分别设置安全阀、放散管和排污管；③高压储气罐应设置压力检测装置；④高压储气罐宜减少接管开孔数量；⑤高压储气罐宜设置检修排空装置；⑥当高压储气罐罐区设置检修用集中放散装置时，集中放散装置的放散管与站外建、构筑物的防火间距不应小于表2-13的规定。

表2-13　集中放散装置的放散管与站外建、构筑物的防火间距

项目		防火间距/m
明火、散发火花地点		30
民用建筑		25
甲、乙类液体储罐，易燃材料堆场		25
室外变、配电站		30
甲、乙类物品库房，甲、乙类生产厂房		25
其他厂房		20
铁路（中心线）		40
公路、道路（路边）	高速，Ⅰ、Ⅱ级，城市快速	15
	其他	10
架空电力线（中心线）	>380 V	2.0 倍杆高
	≤380 V	1.5 倍杆高
架空通信线（中心线）	国家Ⅰ、Ⅱ级	1.5 倍杆高
	其他	1.5 倍杆高

集中放散装置的放散管与站内建、构筑物的防火间距不应小于

表 2-14 的规定；放散管管口高度应高出距其 25 m 内的建（构）筑物 2 m 以上，且不得小于 10 m。

表 2-14　集中放散装置的放散管与站内建、构筑物的防火间距

项目	防火间距/m
明火、散发火花地点	30
办公、生活建筑	25
可燃气体储气罐	20
室外变、配电站	30
调压室、压缩机室、计量室及工艺装置区	20
控制室、配电室、汽车库、机修间和其他辅助建筑	25
燃气锅炉房	25
消防泵房、消防水池取水口	20
站内道路（路边）	2
围墙	2

集中放散装置宜设置在站内全年最小频率风向的上风侧。

站内工艺管道应采用钢管。燃气管道设计压力大于 0.4 MPa 时。其管材性能应分别符合现行国家标准《石油天然气工业 管线输送系统用钢管》（GB/T 9711）、《输送流体用无缝钢管》（GB/T 8163）的规定；设计压力不大于 0.4 MPa 时，其管材性能应符合现行国家标准《低压流体输送用焊接钢管》（GB/T 3091）的规定。阀门等管道附件的压力级别不应小于管道设计压力。

燃气加压设备的选型应符合下列要求：①储配站燃气加压设备应结合输配系统总体设计采用的工艺流程、设计负荷、排气压力及调度要求确定；②加压设备应根据吸排气压力、排气量选择机型，所选用的设备应便于操作维护、安全可靠，并符合节能、高效、低振和低噪声的要求；③加压设备的排气能力应以厂方提供的实测值为依据。站内加压设备的形式应一致，加压设备的规格应满足运行调度要求，并

不宜多于 2 种。

储配站内装机总台数不宜过多，每 1～5 台压缩机宜另设 1 台备用。

压缩机室的工艺设计应符合下列要求：①压缩机宜按独立机组配置进、出气管及阀门、旁通、冷却器、安全放散、供油和供水等各项辅助设施；②压缩机的进、出气管道宜采用地下直埋或管沟敷设，并宜采取减震降噪措施；③管道设计应设有能满足投产置换、正常生产维修和安全保护所必需的附属设备；④压缩机及其附属设备的布置应符合下列要求：压缩机宜采取单排布置；压缩机之间及压缩机与墙壁之间的净距不宜小于 1.5 m；重要通道的宽度不宜小于 2 m；机组的联轴器及皮带传动装置应采取安全防护措施；高出地面 2 m 以上的检修部位应设置移动或可拆卸式的维修平台或扶梯；维修平台及地坑周围应设防护栏杆；⑤压缩机室宜根据设备情况设置检修用起吊设备；⑥当压缩机采用燃气为动力时，其设计应符合现行国家标准《输气管道工程设计规范》（GB 50251）的有关规定。

压缩机的控制室宜设在主厂房一侧的中部或主厂房的一端。控制室与压缩机室之间应设有能观察各台设备运转的隔声耐火玻璃窗。

储配站控制室内的二次检测仪表及操作调节装置宜按表 2-15 的规定设置。

表 2-15 储配站控制室内的二次检测仪表及操作调节装置

参数名称		现场显示	控制室		
			显示	记录或累计	报警连锁
压缩机室进气管压力		—	+	—	+
压缩机室出气管压力		—	+	+	—
机组	吸气压力	+	—	—	—
	吸气温度	+	—	—	—
	排气压力	+	+	—	+
	排气温度	+	—	—	—

参数名称		现场显示	控制室		
			显示	记录或累计	报警连锁
压缩机室	供电电压	—	+	—	—
	电流	—	+	—	—
	功率因数	—	+	—	—
	功率	—	+	—	—
机　组	电压	+	+	—	—
	电流	+	+	—	—
	功率因数	—	+	—	—
	功率	—	+	—	—
压缩机室	供水温度	—	+	—	—
	供水压力	—	+	—	+
机　组	供水温度	+	—	—	—
	回水温度	+	—	—	—
	水流状态	+	—	—	—
润滑油	供油压力	+	—	—	+
	供油温度	+	—	—	—
	回油温度	+	—	—	—
电机防爆通风系统排风压力		—	+	—	+

注：表中"+"表示应设置。

　　压缩机室、调压计量室等具有爆炸危险的生产用房应符合现行国家标准《建筑设计防火规范（2018 年版）》（GB 50016）的"甲类生产厂房"设计的规定。

　　燃气门站和储配站内的消防设施设计应符合现行国家标准《建筑设计防火规范（2018 年版）》（GB 50016）的规定。并符合下列要求：

　　①储配站在同一时间内的火灾次数应按一次考虑。储罐区的消防用水量不应小于表 2-16 的规定。

表 2-16　储罐区的消防用水量

储罐容积/m³	>500～≤10 000	>10 000～≤50 000	>50 000～≤1 000 000	>100 000～≤200 000	>200 000
消防用水量/（L/s）	15	20	25	30	35

注：固定容积的可燃气体储罐以组为单位，总容积按其几何容积（m³）和设计压力（绝对压力，102 kPa）的乘积计算。

②当设置消防水池时，消防水池的容量应按火灾延续时间 3 h 计算确定。火灾情况下能保证连续向消防水池补水时，其容量可减去火灾延续时间内的补水量。

③储配站内消防给水管网应采用环形管网，其给水干管不应少于 2 条。当其中一条发生故障时，其余的进水管应能满足消防用水总量的供给要求。

④站内室外消火栓宜选用地上式消火栓。

⑤燃气门站的工艺装置区可不设消防给水系统。

⑥燃气门站和储配站内建筑物灭火器的配置应符合现行国家标准《建筑灭火器配置设计规范》（GB 50140）的有关规定。储配站内储罐区应配置干粉灭火器，配置数量按储罐台数每台设置 2 个；每组相对独立的调压计量等工艺装置区应配置干粉灭火器，数量不少于 2 个。

注：干粉灭火器指 8 kg 手提式干粉灭火器。根据场所危险程度可设置部分 35 kg 手推式干粉灭火器。

燃气门站和储配站供电系统设计应符合现行国家标准《供配电系统设计规范》（GB 50052）的"二级负荷"的规定。

燃气门站和储配站电气防爆设计符合下列要求：

①站内爆炸危险场所的电力装置设计应符合现行国家标准《爆炸危险环境电力装置设计规范》（GB 50058）的规定。

②其爆炸危险区域等级和范围的划分宜符合相关规范的规定。

③站内爆炸危险厂房和装置区内应装设燃气浓度检测报警装置。

储气罐和压缩机室、调压计量室等具有爆炸危险的生产用房应有防雷接地设施。其设计应符合现行国家标准《建筑物防雷设计规范》（GB 50057）中"第二类防雷建筑物"的规定。

燃气门站和储配站的静电接地设计应符合现行行业标准《化工企业静电接地设计规程》（HG/T 20675）的规定。

燃气门站和储配站边界的噪声应符合现行国家标准《工业企业厂界环境噪声排放标准》（GB 12348）的规定。

调压装置的设置应符合下列要求：

①自然条件和周围环境许可时，宜设置在露天范围内，但应设置围墙、护栏或车挡；

②在地上设置单独的调压箱（悬挂式）时，居民和商业用户燃气进口压力不应大于 0.4 MPa；对工业用户（包括锅炉房）燃气进口压力不应大于 0.8 MPa；

③在地上设置单独的调压柜（落地式）时，居民、商业用户和工业用户（包括锅炉房）燃气进口压力不宜大于 1.6 MPa；

④当受地上条件限制，且调压装置进口压力不大于 0.4 MPa 时，可设置在地下单独的建筑物内或地下单独的箱体内；

⑤液化石油气和相对密度大于 0.75 燃气的调压装置不得设于地下室、半地下室内和地下单独的箱体内。

表 2-17　调压站（含调压柜）与其他建筑物、
构筑物水平净距　　　　　　单位：m

设置形式	调压装置入口燃气压力级制	建筑物外墙面	重要公共建筑、一类高层民用建筑	铁路（中心线）	城镇道路	公共电力变配电柜
地上单独建筑	高压（A）	18	30	25	5	6
	高压（B）	13	25	20	4	6
	次高压（A）	9	18	15	3	4

续表

设置形式	调压装置入口燃气压力级制	建筑物外墙面	重要公共建筑、一类高层民用建筑	铁路（中心线）	城镇道路	公共电力变配电柜
地上单独建筑	次高压（B）	6	12	10	3	4
	中压（A）	6	12	10	2	4
	中压（B）	6	12	10	2	4
调压柜	次高压（A）	7	14	12	2	4
	次高压（B）	4	8	8	2	4
	中压（A）	4	8	8	1	4
	中压（B）	4	8	8	1	4
地下单独建筑	中压（A）	3	6	6	—	3
	中压（B）	3	6	6	—	3
地下调压箱	中压（A）	3	6	6	—	3
	中压（B）	3	6	6	—	3

注：①当调压装置露天设置时，则指距离装置的边缘；②当建筑物（含重要公共建筑）的某外墙为无门、窗洞口的实体墙，且建筑物耐火等级不低于二级时，燃气进口压力级别为中压 A 或中压 B 的调压柜一侧或两侧（非平行），可贴靠上述外墙设置；③当达不到表 2-17 净距要求时，采取有效措施，可适当缩小净距。

地上调压箱和调压柜的设置应符合下列要求：

调压箱的箱底距地坪的高度宜为 1.0～1.2 m，可安装在用气建筑物的外墙壁上或悬挂于专用的支架上；当安装在用气建筑物的外墙上时，调压器进出口管径不宜大于 DN50。

调压箱到建筑物的门、窗或其他通向室内的孔槽的水平净距应符合下列规定：

①当调压器进口燃气压力不大于 0.4 MPa 时，不应小于 1.5 m；

②当调压器进口燃气压力大于 0.4 MPa 时，不应小于 3.0 m；

③调压箱不应安装在建筑物的窗下和阳台下的墙上；

④调压箱不应安装在室内通风机进风口墙上。

安装调压箱的墙体应为永久性的实体墙，其建筑物耐火等级不应低于二级。

调压箱上应有自然通风孔。

调压柜应单独设置在牢固的基础上，柜底距地坪高度宜为0.30 m。

距其他建筑物、构筑物的水平净距应符合表 2-17 的规定。

体积大于 1.5 m³ 的调压柜应有爆炸泄压口，爆炸泄压口不应小于上盖或最大柜壁面积的 50%（以较大者为准）；爆炸泄压口宜设在上盖处；通风口面积可包括在爆炸泄压口面积内。

调压柜上应有自然通风口，其设置应符合下列要求：

①当燃气相对密度大于 0.75 时，应在柜体上、下各设 1%柜底面积通风口；调压柜四周应设护栏；

②当燃气相对密度不大于 0.75 时，可仅在柜体上部设 4%柜底面积通风口；调压柜四周宜设护栏。

调压箱（或柜）的安装位置应能满足调压器安全装置的安装要求。

调压箱（或柜）的安装位置应使调压箱（或柜）不被碰撞，在开箱（或柜）作业时不影响交通。

地下调压箱的设置应符合下列要求：

①地下调压箱不宜设置在城镇道路处，距其他建筑物、构筑物的水平净距应符合《城镇燃气设计规范（2020 版）》（GB 50028）的规定；

②地下调压箱上应有自然通风口，其设置应符合规定；

③安装地下调压箱的位置应能满足调压器安全装置的安装要求；

④地下调压箱设计应方便检修；

⑤地下调压箱应有防腐保护。

单独用户的专用调压装置可按下列形式设置，且应符合下列要求：

①当商业用户调压装置进口压力不大于 0.4 MPa，或工业用户（包

括锅炉）调压装置进口压力不大于 0.8 MPa 时，可设置在用气建筑物专用单层毗连建筑物内：

a. 该建筑物与相邻建筑应用无门窗和洞口的防火墙隔开，与其他建筑物、构筑物水平净距应符合相关规范的规定；

b. 该建筑物耐火等级不应低于二级，并应具有轻型结构屋顶爆炸泄压口及向外开启的门窗；

c. 地面应采用撞击时不会产生火花的材料；

d. 室内通风换气次数每小时不应小于 2 次；

e. 室内电气、照明装置应符合现行的国家标准《爆炸危险环境电力装置设计规范》（GB 50058）中"1 区"设计的规定。

②当调压装置进口压力不大于 0.2 MPa 时，可设置在公共建筑的顶层房间内：

a. 房间应靠建筑外墙，不应布置在人员密集房间的上面或贴邻，并满足相关规定的要求；

b. 房间内应设有连续通风装置，并能保证通风换气次数每小时不小于 3 次；

c. 房间内应设置燃气浓度检测监控仪表及声、光报警装置，该装置应与通风设施和紧急切断阀联锁，并将信号引入该建筑物监控室；

d. 调压装置应设有超压自动切断保护装置；

e. 室外进口管道应设有阀门，并能在地面操作；

f. 调压装置和燃气管道应采用钢管焊接和法兰连接。

③当调压装置进口压力不大于 0.4 MPa，且调压器进、出口管径不大于 DN100 时，可设置在用气建筑物的平屋顶上，但应符合下列条件：

a. 应在屋顶承重结构受力允许的条件下设置，且该建筑物耐火等级不应低于二级；

b. 建筑物应有通向屋顶的楼梯；

c. 调压箱、柜（或露天调压装置）与建筑物烟囱的水平净距不应小于 5 m。

④当调压装置进口压力不大于 0.4 MPa 时，可设置在生产车间、锅炉房和其他工业生产用气房间内，或当调压装置进口压力不大于 0.8 MPa 时，可设置在独立、单层建筑的生产车间或锅炉房内，且应符合下列条件：

a. 应满足相关规定的要求；

b. 调压器进出口管径不应大于 DN80；

c. 调压装置宜设不燃烧体护栏；

d. 调压装置除在室内设进口阀门外，还应在室外引入管上设置阀门。

注：当调压器进出口管径大于 DMO 时，应将调压装置设置在用气建筑物的专用单层房间内，其设计应符合本条第 1 款的要求。

调压箱（柜）或调压站的噪声应符合现行国家标准《城市区域环境噪声标准》（GB 3096）的规定。

设置调压器场所的环境温度应符合下列要求：

①当输送干燃气时，无采暖的调压器的环境温度应能保证调压器的活动部件正常工作；

②当输送湿燃气时，无防冻措施的调压器的环境温度应大于 0℃；

③当输送液化石油气时，其环境温度应大于液化石油气的露点。

调压器的选择应符合下列要求：

①调压器应能满足进口燃气的最高、最低压力的要求；

②调压器的压力差，应根据调压器前燃气管道的最低设计压力与调压器后燃气管道的设计压力之差确定；

③调压器的计算流量，应按该调压器所承担的管网小时最大输送量的 1.2 倍确定。

调压站（或调压箱或调压柜）的工艺设计应符合下列要求：

①连接未成环低压管网的区域调压站和供连续生产使用的用

户调压装置宜设置备用调压器，其他情况下的调压器可不设置备用装置。

调压器的燃气进、出口管道之间应设旁通管，用户调压箱（悬挂式）可不设旁通管。

②高压和次高压燃气调压站室外进、出口管道上必须设置阀门；中压燃气调压站室外进口管道上，应设置阀门。

③调压站室外进、出口管道上阀门距调压站的距离：

当为地上单独建筑时，不宜小于 10 m；当为毗连建筑物时，不宜小于 5 m；

当为调压柜时，不宜小于 5 m；

当为露天调压装置时，不宜小于 10 m；

当通向调压站的支管阀门距调压站小于 100 m 时，室外支管阀门与调压站进口阀门可合为一个。

④在调压器燃气入口处应安装过滤器。

⑤在调压器燃气入口（或出口）处，应设防止燃气出口压力过高的安全保护装置（当调压器本身带有安全保护装置时可不设）。

⑥调压器的安全保护装置宜选用人工复位型，安全保护（放散或切断）装置必须设定启动压力值并具有足够的能力。启动压力应根据工艺要求确定，当工艺无特殊要求时应符合下列要求：

a. 当调压器出口为低压时，启动压力应使与低压管道直接相连的燃气用具处于安全工作压力以内；

b. 当调压器出口压力小于 0.08 MPa 时，启动压力不应超过出口工作压力上限的 50%；

c. 当调压器出口压力等于或大于 0.08 MPa，但不大于 0.4 MPa 时，启动压力不应超过出口工作压力上限 0.04 MPa；

d. 当调压器出口压力大于 0.4 MPa 时，启动压力不应超过出口工作压力上限的 10%。

⑦调压站放散管管口应高出其屋檐 1.0 m 以上。

调压柜的安全放散管管口距地面的高度不应小于 4 m；设置在建筑物墙上的调压箱的安全放散管管口应高出该建筑物屋檐 1.0 m；

地下调压站和地下调压箱的安全放散管管口也应按地上调压柜安全放散管管口的规定设置。

注：清洗管道吹扫用的放散管、指挥器的放散管与安全水封放散管属于同一工作压力时，允许将它们连接在同一放散管上。

⑧调压站内调压器及过滤器前后均应设置指示式压力表，调压器后应设置自动记录式压力仪表。

地上调压站内调压器的布置应符合下列要求：

①调压器的水平安装高度应便于维护检修；

②平行布置 2 台以上调压器时，相邻调压器外缘净距、调压器与墙面之间的净距和室内主要通道的宽度均宜大于 0.8 m。

地上调压站的建筑物设计应符合下列要求：

①建筑物耐火等级不应低于二级；

②调压室与毗连房间之间应用实体隔墙隔开，其设计应符合下列要求：

a. 隔墙厚度不应小于 24 cm，且应两面抹灰；

b. 隔墙内不得设置烟道和通风设备，调压室的其他墙壁也不得设有烟道；

c. 隔墙有管道通过时，应采用填料密封或将墙洞用混凝土等材料填实；

③调压室及其他有漏气危险的房间，应采取自然通风措施，换气次数每小时不应小于 2 次；

④城镇无人值守的燃气调压室电气防爆等级应符合现行国家标准《爆炸危险环境电力装置设计规范（2018 年版）》（GB 50058）中"1区"设计的规定；

⑤调压室内的地面应采用撞击时不会产生火花的材料；

⑥调压室应有泄压措施，并应符合现行国家标准《建筑设计防火规范（2018 年版）》（GB 50016）的有关规定；

⑦调压室的门、窗应向外开启，窗应设防护栏和防护网；

⑧重要调压站宜设保护围墙；

⑨设于空旷地带的调压站或采用高架遥测天线的调压站应单独设置避雷装置，其接地电阻值应小于 10 Ω。

燃气调压站采暖应根据气象条件、燃气性质、控制测量仪表结构和人员工作的需要等因素确定。当需要采暖时严禁在调压室内用明火采暖，但可采用集中供热或在调压站内设置燃气、电气采暖系统，其设计应符合下列要求：

①燃气采暖锅炉可设在与调压器室毗连的房间内；调压器室的门、窗与锅炉室的门、窗不应设置在建筑的同一侧。

②采暖系统宜采用热水循环式；采暖锅炉烟囱排烟温度严禁大于 300℃；烟囱出口与燃气安全放散管出口的水平距离应大于 5 m。

③燃气采暖锅炉应有熄火保护装置或设专人值班管理。

④采用防爆式电气采暖装置时，可对调压器室或单体设备用电加热采暖；电采暖设备的外壳温度不得大于 115℃；电采暖设备应与调压设备绝缘。

地下调压站的建筑物设计应符合下列要求：

①室内净高不应低于 2 m。

②宜采用混凝土整体浇筑结构。

③必须采取防水措施；在寒冷地区应采取防寒措施。

④调压室顶盖上必须设置两个呈对角位置的人孔，孔盖应能防止地表水浸入。

⑤室内地面应采用撞击时不产生火花的材料，并应在一侧人孔下的地坪设置集水坑。

⑥调压室顶盖应采用混凝土整体浇筑。

当调压站内、外燃气管道为绝缘连接时，调压器及其附属设备必须接地，接地电阻应小于 100 Ω。

钢质燃气管道和储罐必须进行外防腐，其防腐设计应符合现行行业标准《城镇燃气埋地钢质管道腐蚀控制技术规程》（CJJ 95）和现行国家标准《钢质管道外腐蚀控制规范》（GB/T 21447）的有关规定。

地下燃气管道防腐设计必须考虑土壤电阻率，对高、中压输气干管宜沿燃气管道途经地段选点测定其土壤电阻率。应根据土壤的腐蚀性、管道的重要程度及所经地段的地质、环境条件确定其防腐等级。

地下燃气管道的外防腐涂层的种类，根据工程的具体情况，可选用石油沥青、聚乙烯防腐胶带、环氧煤沥青、聚乙烯防腐层、氯磺化聚乙烯、环氧粉末喷涂等。当选用上述涂层时，应符合国家现行有关标准的规定。

采用涂层保护埋地敷设的钢质燃气干管宜同时采用阴极保护。

市区外埋地敷设的燃气干管，当采用阴极保护时，宜采用强制电流方式，并应符合现行行业标准《埋地钢质管道强制电流阴极保护设计规范》（SY/T 0036）的有关规定。

市区内埋地敷设的燃气干管，当采用阴极保护时，宜采用牺牲阳极法，并应符合现行行业标准《埋地钢质管道牺牲阳极阴极保护设计规范》（SY/T 0019）的有关规定。

地下燃气管道与交流电力线接地体的净距不应小于表 2-18 的规定。

表 2-18　地下燃气管道与交流电力线接地体的净距　单位：m

电压等级/kV	10	35	110	220
铁塔或电杆接地体	1	3	5	10
电站或变电所接地体	5	10	15	30

城市燃气输配系统，宜设置监控及数据采集系统，监控及数据采

集系统应采用电子计算机系统为基础的装备和技术。监控及数据采集系统应采用分级结构。

监控及数据采集系统应设主站、远端站。主站应设在燃气企业调度服务部门，并与城市公用数据库连接。远端站宜设置在区域调压站、专用调压站、管网压力监测点、储配站、燃气门站和气源厂等。

根据监控及数据采集系统拓扑结构设计的需求，在等级系统中可在主站与远端站之间设置通信或其他功能的分级站。

监控及数据采集系统的信息传输介质及方式应根据当地通信系统条件、系统规模和特点、地理环境，经全面的技术经济比较后确定。信息传输宜采用城市公共数据通信网络。

监控及数据采集系统所选用的设备、器件、材料和仪表应选用通用型产品。

监控及数据采集系统的布线和接口设计应符合国家现行有关标准的规定，并具有通用性、兼容性和可扩展性。

监控及数据采集系统的硬件和软件应有较高的可靠性，并应设置系统自身诊断功能，关键设备应采用冗余技术。

监控及数据采集系统宜配备实时瞬态模拟软件，软件应满足系统进行调度优化、泄漏检测定位、工况预测、存量分析、负荷预测及调度员培训等功能。

监控及数据采集系统远端站应具有数据采集和通信功能，并对需要进行控制或调节的对象点，应有对选定的参数或操作进行控制或调节的功能。

主站系统设计应具有良好的人机对话功能，以满足及时调整参数或处理紧急情况的需要。

远端站数据采集等工作信息的类型和数量应按实际需要进行合理的确定。

设置监控和数据采集设备的建筑应符合现行国家标准《计算站场

地通用规范》(GB 2887)和《电子计算机机房设计规范》(GB 50174)及《计算机机房用活动地板技术条件》(GB 6550)的有关规定。

监控及数据采集系统的主站机房,应设置可靠性较高的不间断电源设备及其备用设备。

远端站的防爆、防护应符合所在地点防爆、防护的相关要求。

第三章

燃气输配场站主要设备设施操作、维护、检修规程

为使燃气设施运行、维护和检修符合安全生产、保障公共安全和保护环境的要求，所有燃气输配场站设备设施的操作、维护、检修均应严格按规程执行。

一般规定：

①站场设备管理、设备大修、更新改造、日常维护保养等应按照管道局《设备管理办法》执行。

②设备上的铭牌应保持本色、完好，不得涂色遮盖，"开/关"指示醒目清楚，阀门应设置"开"或"关"的标志牌。

③站场设备运行应遵守有关规程的规定，不应超压、超速、超负荷运行，重要设备应有安全保护装置。

④站场设备应建立设备档案，档案内容真实记录设备名称、规格、型号、安装、使用、更换、维护保养以及现状等情况。

⑤设备备品配件特别是易损件应满足运行要求。

⑥电工应严格遵守现行国家标准《电力安全工作规程 电力线路部分》（GB 26859）。

⑦站内防雷设施应处于正常运行状态。每年雨季前应对接地电阻进行检测，确保接地电阻符合现行国家标准《建筑物防雷设计规范》（GB 50057）的"第二类"设计要求；防静电装置应符合现行国家标准《城镇燃气设计规范（2020 版）》（GB 50028）的要求，每年检测不应少于两次。

⑧仪器、仪表、安全装置的运行维护、定期校验和更换应按国家相关规定执行。

本章是燃气输配场站运行工学习掌握的重点，主要为加强燃气场站设备的运行管理，保障正常运行和安全稳定供气，适用场站（含燃气门站、调压站/室等）设备的定期检查、定期维护保养、定期校验等管理工作。

第一节　日常作业标准流程

一、设备管理要求

①场站设备档案管理及设备编号按照公司《设备管理制度》执行。

②场站设备挂牌管理。

场站设备管理可使用设备编号牌（与责任牌合并）来执行场站设备的定岗定人及挂牌管理工作。设备责任牌上需标明设备编号、设备名称及规格、设备用途、设备责任人等详细信息，场站悬挂工艺流程图及设备应急处置流程图。

③场站设备的定期检查。

a. 场站设备定期检查分为日常检查及周期性检查。日常检查由场站运行人员负责完成；周期性检查由专（兼）职安全员主要负责，运行人员辅助完成。

b. 每月对设备检查记录进行统计、分析。

c. 每半年要对检查工作进行一次全面、系统地总结和评价，提出书面总结材料和下一阶段的重点工作计划。

d. 定期针对场站弹簧表、压力表、温度变送器、压力变送器、双金属温度计、安全阀等设施委托第三方进行周期性检验。

二、设备检查注意事项

①设备紧固情况：螺丝是否松动，设备是否稳固；

②设备润滑情况：设备是否润滑；

③设备密封性：设备是否存在跑、冒、滴、漏；

④设备温度、气味：温度、气味是否有异常情况；

⑤设备声音：响声是否正常；

⑥腐蚀情况：设备是否被腐蚀，腐蚀程度如何。

三、检查中的问题处理

①检查人员应随身携带适量的防爆工具，遇到简单又方便处理的故障立即处理；

②未能及时处理的，应在检查结束后报相关人员处理；

③处理故障时会影响正常运行的，应及时上报相关领导；

④对检查发现的问题，无论是否处理过，都要详细记录，并遵循首任检查人员隐患闭环制。

四、场站设备维护保养

场站设备应根据设备维护保养周期制定维护保养计划，维护保养内容应包括设备的清洁、润滑、使用、检查、维修、更换易损件等。

第二节　管线排污作业规程

一、排污的目的和分类

1. 排污目的

合理的排污操作，可以排出管道中积存的污物，保护设备、管道不被污染、腐蚀；避免流量计受到污染，保证计量精度。

2. 排污种类

排污操作有两种：降压排污和不降压排污。生产条件允许的情况下，应首先执行降压排污，且排污作业不得高压、中压同时进行、集中放散。

二、作业前检查与准备

1. 防护要求

正确穿戴防静电工服、防静电工鞋、安全帽、手套、护目镜。

2. 工（器、用、量）具要求

四合一气体检测仪、防爆阀井钩。

3. 环境检查

①检查确认排污池周围 20 m 内没有火种、无关人员及车辆，设置警戒线、警示牌。

②观察风向标风向，尽可能选择工艺场站处于上风口时进行排污操作。

③排污前，应检查排污池内清水是否保持在排污管口上 25 cm，确认排污管线出口清晰可见。

④进入现场人员必须正确穿戴劳保用品，工艺区严禁带入火种、手机，并用手触摸静电释放桩释放静电。

三、场站排污作业规程

1. 作业前检查

①检查备用设备或流程是否符合投用条件，并汇报。

②按照指令启用备用设备或流程。

③检查备用设备或流程是否工作正常，汇报并做好记录。

2. 场站排污

（1）降压排污

①切断需排污设备的进、出口阀门；

②将需排污设备放空至 1.0 MPa，放空过程适当控制天然气流速，确保压力缓慢下降；

③全开设备排污球阀，再缓慢少量开启阀套式排污阀，排污开始；

④仔细耳听排污管内管口污物的流动声和喷出声，判断管段流体是液体粉尘还是气体，确定污物被排放出去且变为气流声时立即关闭阀套式排污阀，每次开启 3 s 后迅速关闭；

⑤打开阀套式排污阀，排尽球阀至阀套式排污阀管段内的气体后，关闭阀套式排污阀；

⑥按要求恢复正常生产工艺流程。

（2）不降压排污

①当条件不允许进行降压排污时，可采用不降压排污操作；

②不降压排污操作时，先缓慢开启靠近设备的排污球阀，再缓慢微量开启阀套式排污阀；

③仔细听排污管内管口污物的流动声和喷出声，判断管段流体是液体、粉尘还是气体，一旦听到气流声立即关闭阀套式排污阀，每次开启 3 s 后迅速关闭；

④打开阀套式排污阀，排尽球阀至阀套式排污阀管段内的气体后，关闭阀套式排污阀；

⑤按要求恢复正常生产工艺流程。

3. 清理现场

①检测到没有甲烷时，排污池封盖处喷水后打开封盖，利用气体检测仪检测排污池内是否有甲烷，确认没有后观察排污管线出口处是否有气泡冒出，如果有，说明排污阀未完全关闭，进行排查处理。

②拆除警戒线和警示牌，整理好工具并收拾现场。

③联系具备资质的单位做好污物收集处理工作。

④监护人员填写工艺操作表，清理现场。

4. 注意事项

①排污时至少要一人操作，一人监护。

②开启排污阀门时应缓慢平稳，阀的开度应适中。

③应快速关闭阀套式排污阀。

④不同压力等级排污应分开进行，不可同时操作。

⑤开启排污池前应进行检测。

⑥夏季每周至少排污一次，冬季（11 月至次年 3 月）每周至少排污两次，放散塔排水阀每季度至少排污一次。

5. 职业危害

（1）存在的风险

①排污过程中，员工未正确穿戴劳保用品，导致人身伤害。

②排污过程中，遇到明火，造成火灾、爆炸。

③排污池渗漏或溢出，造成环境污染。

（2）采取的措施

①操作前劳保用品应穿戴到位。

②排污作业前，应对周边以及现场环境进行检查，避免火源。

③应提前与相关具备资质的单位签订危险废物转运的协议，及时做好危险废物处理工作。

第三节　流量计的操作规程

一、流量计的操作规程

1. 工具材料准备及安全防护设施配置

工作服 2 套、手套 2 副、防爆梅花扳手（14～17）两把、呆扳手（14～17）两把、10 寸活扳手 1 把、12 寸活扳手 1 把、煤油 1 kg、棉纱 1 kg、橡胶垫若干、过滤器滤芯 1 只。

2. 主要人员及物料消耗

维修人员 2 名、煤油 1 kg、棉纱 1 kg、橡胶垫 3 个、过滤器滤芯 1 只、作业时间 2 h。

3. 作业气候和环境要求

雨、雪、大风天气不宜作业，环境粉尘过大时也不宜作业。

4. 作业流程

①工具、材料齐全、完好；

②根据计划确认维护任务的地点；

③作业人员须着防静电工装；

④检查流量计润滑油油位；

⑤确认压力显示正常；

⑥确认温度显示正常；

⑦缓慢打开流量计旁通阀门；

⑧关闭流量计前后阀门；

⑨拆除过滤器上盖；

⑩检查并更换滤芯；

⑪清理过滤器内杂物；

⑫安装滤芯并拧好顶盖；

⑬拆除流量计两端法兰螺栓；

⑭拆下流量计并轻放在洁净的垫布上；

⑮用洁净煤油自进气口缓慢倒入流量计内同时轻轻转动叶轮，反复冲洗腔内杂物；

⑯确认冲洗流出的煤油洁净无杂物；

⑰更换法兰垫片，安装好流量计；

⑱各接口螺栓上油保养；

⑲给流量计机械部分加油或更换；

⑳检查压力显示为 101 kPa（相对压力显示 0）；

㉑检查温度显示正常（环境温度）；

㉒如显示不准，则需要更换相应配件；

㉓缓慢打开进口阀和出口阀，关闭旁通阀；

㉔确认流量计运转正常；

㉕检漏仪检测各接口无漏气；

㉖检查电池电量（无外接电源）。

5. 流量计的启用和停用注意事项

①生产使用单位开停车情况很普遍，短时间停车对流量计影响不大；如由于检修或停止使用等情况长时间停止使用，应根据各流量计的要求做好处理工作。一般情况下，长期停用时最好拆下流量计，润滑清洁后妥善保管。

②当停用一段时间后重新启用时，首先检查流量计的外观和各参数的状态是否正常，加油润滑，在开启阀门时，要注意缓慢开阀，以免冲击流量计造成损坏。

6. 注意事项

①用于核算的流量计须按要求校验；

②周围不能有强磁场和机械振动；

③不得随意改动参数；

④有外部电源时，操作前一定要先切断电源。

二、流量计的维护规程

①定期检查流量计周围环境，确保无不安全因素；

②定期清洁整理流量计，保持卫生整洁；

③定期检查过滤器积垢程度，确保过滤器内无污垢；

④定期对流量计进行泄漏检测，确保无泄漏；

⑤定期检查运行压力及实际管道压力，确保压力在正常范围内；

⑥定期检查流量计润滑油情况，确保剩余油量不少于 1/3；

⑦定期检查流量计运转情况，确保运转正常，无杂音；

⑧定期检查流量计表头机械计数器，保证无卡阻现象；

⑨定期检查流量计表体外油漆涂层，油漆应完整无缺损；

⑩定期观察流量计修正仪显示压力，应与管道实际运行压力吻合；

⑪定期观察流量计修正仪显示电池电量，确保电量不低于一格。

三、安全注意事项

①流量计安装过程中，应注意工具的安全使用，避免伤人；

②安装过程中，应注意不被周围物体绊倒，或避免发生碰撞。

第四节　压力容器操作规程

一、总则

固定式压力容器，简称压力容器，主要包括以下几种：

①工作压力［在正常工作情况下，压力容器顶部可能达到的最高压力（表压力）］大于或者等于 0.1 MPa；

②容积大于或者等于 0.03 m³ 并且内直径（非圆形截面，指截面内边界最大几何尺寸）大于或者等于 150 mm；

③盛装介质为气体、液化气体以及介质最高工作温度高于或者等于其标准沸点的液体。

为了加强燃气企业对压力容器的安全使用，为了保障固定式压力容器安全使用，预防和减少事故，保护人民生命和财产安全，促进经济社会发展，根据《固定式压力容器安全技术监察规程》《特种设备安全监察条例》制定本规程。

本规程适用的压力容器，其范围包括压力容器本体、安全附件及仪表。

压力容器的本体界定在以下范围内：

①压力容器与外部管道或者装置焊接（粘接）连接的第一道环向接头的坡口面、螺纹连接的第一个螺纹接头端面、法兰连接的第一个法兰密封面、专用连接件或者管件连接的第一个密封面；

②压力容器开孔部分的承压盖及其紧固件；

③非受压元件与受压元件的连接焊缝。

压力容器本体中的主要受压元件，包括筒节（含变径段）、球壳板、非圆形容器的壳板、封头、平盖、膨胀节、设备法兰，热交换器的管板和换热管，M36 以上（含 M36）螺柱以及公称直径大于或者等于 250 mm 的接管和管法兰。

安全附件及仪表。压力容器的安全附件，包括直接连接在压力容器上的安全阀、爆破片装置、易熔塞、紧急切断装置、安全联锁装置。压力容器的仪表，包括直接连接在压力容器上的压力、温度、液位等测量仪表等。

二、投用准备

压力容器使用单位应当按照《特种设备使用管理规则》的有关要求，对压力容器进行使用安全管理，设置安全管理机构，配备安全管理负责人、安全管理人员和作业人员，办理使用登记，建立各项安全管理制度，制定操作规程，并且进行检查。

1. 技术准备

安全技术规范所要求的压力容器的设计文件、产品质量合格证明、安装及使用维修说明、监督检验证明等文件必须齐全，并列入压力容器的技术档案，妥善保管。

压力容器的所有安全附件（安全阀、爆破片、安全放散阀、超压切断阀、燃气报警器、压力表、温度计）应齐全、有效，并在检定有效期内。

压力容器应按规定进行由当地特种设备安全监督管理部门监督的强度试验和气密性试验，并取得监督管理部门出具的试验报告。

2. 竣工验收

压力容器应经过设计、安装、监理、使用等单位和当地政府有关部门参加的工程验收后，才能由安装单位移交给使用单位准备投用。

3. 置换投产

压力容器应按相关规定进行试压和置换。工作介质为易燃易爆的压力容器，严禁用工作介质直接置换。应先用氮气或二氧化碳进行置换，然后再用工作介质进行置换，置换后的氧含量应低于1%，并填报试压和置换记录。

4. 使用登记

使用单位应当按照规定在压力容器投入使用前或者投入使用后30日内，向所在地负责特种设备使用登记的部门（以下简称使用登记机关）申请办理特种设备使用登记证（以下简称使用登记证）。办理使用登记时，安全状况等级和首次检验日期按照以下要求确定：

①使用登记机关确认制造资料齐全的新压力容器，其安全状况等级为1级；进口压力容器安全状况等级由实施进口压力容器监督检验的特种设备检验机构评定；

②压力容器首次定期检验日期按照本规程的规定确定，产品标准或者使用单位认为有必要缩短检验周期的除外；特殊情况下，需要延长首次定期检验日期时，由使用单位提出书面申请说明情况，经使用

单位安全管理负责人批准，延长期限不得超过 1 年。

5. 持证上岗

压力容器操作人员及其相关管理人员，应当按照国家有关规定经特种设备安全监督管理部门考核合格，取得国家统一格式的特种作业人员证书后，方可从事相应的作业或管理工作。

三、安全操作

压力容器的使用单位应针对投运的压力容器编制详细的工艺操作规程和岗位操作规程。在操作规程中，应明确制定压力容器的安全操作要求，包括压力容器的操作工艺指标（含最高工作压力、最高或最低工作温度）；压力容器的岗位操作方法（含开车、停车的操作程序和注意事项）；压力容器运行中应重点检查的项目和部位；运行中可能出现的异常情况和防治措施，以及紧急情况的处置程序。

压力容器操作人员属特种作业人员，必须持证上岗，并正确佩戴和使用劳动保护用品，严格遵守安全生产规章制度和操作规程，服从领导、遵守纪律。

开始操作前，应首先核实操作任务，检查、记录压力容器的各种工艺参数，检查泵、压缩机、管道、阀门及安全附件是否处于良好状态，关键的操作任务应两人共同执行，其中一人负责操作，另一人负责检查核实。

压力容器阀门操作要平稳，容器开始加压时，速度不宜过快，防止压力突然上升。

操作人员必须坚守岗位，严格执行巡检制度，认真填写运行记录。巡检要定时、定点、定路线。操作人员应随身携带检查工具，检查以下三个方面的运行状况：

①工艺条件：主要检查操作压力、操作温度、液位是否在安全规程规定的范围内。

②设备状况：主要检查容器各连接部位有无泄漏、渗漏现象；容器的部件和附件有无塑性变形、腐蚀及其他缺陷或可疑迹象；容器及其连接管道有无振动、磨损等现象。

③安全装置：主要检查安全阀、压力表、温度计是否保持完好状态；如弹簧式安全阀的弹簧是否有锈蚀，冬季装设在室外的露天安全阀有无冻结的迹象；压力表的取压管有无泄漏或堵塞现象。

操作人员要熟悉本岗位的工艺流程，熟悉压力容器的结构、类别、技术性能和参数，严格按操作规程操作，严禁超温超压运行。当发现异常情况时，应立即向安全管理员和单位有关负责人报告，严禁带压拆卸或压紧螺栓。维修时必须排气卸压后，按维修规程进行维修。

接班人员必须提前到岗，做好接班准备。交接班双方应共同巡查，就压力容器运行状况和安全情况进行现场交接，严格按照规定认真做好运行记录和交接班记录，双方共同签字。

四、维护保养

使用单位应当建立压力容器装置巡检制度，并且对压力容器本体及其安全附件、装卸附件、安全保护装置、测量调控装置、附属仪器仪表进行经常性维护保养。对发现的异常情况及时处理并且记录，保证在用压力容器始终处于正常使用状态。

使用单位应当在压力容器定期检验有效期届满的 1 个月以前，向特种设备检验机构提出定期检验申请，并且做好定期检验相关的准备工作。定期检验完成后，由使用单位组织对压力容器进行管道连接、密封、附件（含安全附件及仪表）和内件安装等工作，并且对其安全性负责。

　　达到设计使用年限的压力容器（未规定设计使用年限，但是使用超过 20 年的压力容器视为达到设计使用年限），如果要继续使用，使用单位应当委托有检验资质的特种设备检验机构参照定期检验的有关规定对其进行检验，必要时按照要求进行安全评估（使用评价），经过使用单位主要负责人批准后，办理使用登记证书变更，方可继续使用。

　　压力容器的维护检查包括月度检查、年度检查。月度检查指使用单位每月对所使用的压力容器至少进行一次检查，并且应当记录检查情况；当年度检查与月度检查时间重合时，可不再进行月度检查。月度检查内容主要为压力容器本体及其安全附件、装卸附件、安全保护装置、测量调控装置、附属仪器仪表是否完好，各密封面有无泄漏，以及其他异常情况等。压力容器定期（月度）自行检查记录表见表 3-1。

表 3-1　压力容器定期（月度）自行检查记录表

检查时间：　　　　　　　　　　检查人员（签字）：

序号	检查项目与内容		检查结果	备注
1	容器本体	铭牌、漆色、标志和使用登记证编号的标注		
2		本体接口（阀门、管路）部位、焊接接头缺陷情况检查		
3		外表面腐蚀、结霜、结露情况检查		
4		隔热层检查		
5		检漏孔、信号孔检查		
6		压力容器与相邻管道或者构件间异常振动、响声或者相互摩擦情况检查		
7		支承或者支座、基础、紧固螺栓检查		
8		排放（疏水、排污）装置检查		

序号	检查项目与内容		检查结果	备注
9		接地装置检查（罐体有接地装置的）		
10	安全附件	安全阀		
11		爆破片装置		
12		安全联锁装置（快开门式压力容器）		
13		紧急切断装置		
14	仪器仪表	压力表		
15		液位计		
16		测温仪表		
17	其他情况	装卸附件		
18		其他安全保护装置		
19		测量调控装置		
20		密封面		
21		其他异常情况		

年度检查指使用单位每年对所使用的压力容器至少进行一次检查，年度检查按照相关规程的要求进行。年度检查工作完成后，应当进行压力容器使用安全状况分析，并且对年度检查中发现的隐患及时消除。年度检查工作可以由压力容器使用单位安全管理人员组织经过专业培训的作业人员进行，也可以委托有资质的特种设备检验机构进行。年度安全检查项目包括压力容器安全管理情况、压力容器本体及其运行状况和压力容器安全附件检查等。压力容器年度检查结论报告见表 3-2，压力容器年度检查报告报表见表 3-3。

表 3-2 压力容器年度检查结论报告

设备品种		产品名称	
设备代码		设备型号	
使用登记证编号		单位内编号	
使用单位名称			
设备使用地点			
安全管理人员		联系电话	
安全状况等级		下次定期检查日期	
检查依据	《固定式压力容器安全技术监察规程》		
问题及其处理	检查发现的缺陷位置、性质、程度及处理意见（必要时附图或者附页）		
检查结论	（符合要求、基本符合要求、不符合要求）	允许（监控）使用参数		
		压力	MPa	温度	℃
		介质			
	下次年度检查日期： 年 月			
说明	（监控运行需要解决的问题及完成期限）		
检查： 日期：		（检查单位检查专用章） 年 月 日	
审核： 日期：			
审批： 日期：			

表 3-3 压力容器年度检查报告报表

序号		检查项目与内容	检查结果	备注
1	安全管理	安全管理制度、安全操作规程		
2		设计、制造、安装、改造、维修等资料		
3		《使用登记表》《使用登记证》		

续表

序号		检查项目与内容	检查结果	备注
4	安全管理	作业人员上岗持证情况		
5		日常维护保养、运行、定期安全检查记录		
6		年度检查、定期检验报告及问题处理情况		
7		安全附件校验、修理和更换记录		
8		移动式压力容器装卸记录		
9		应急预案和演练记录		
10		压力容器事故、故障情况记录		
11	容器本体及运行情况	铭牌、漆色、标志和使用登记证编号的标注		
12		本体接口（阀门、管路）部位、焊接接头缺陷情况检查		
13		外表面腐蚀、结霜、结露情况检查		
14		隔热层检查		
15		检漏孔、信号孔检查		
16		压力容器与相邻管道或者构件间异常振动、响声或者相互摩擦情况检查		
17		支承或者支座、基础、紧固螺栓检查		
18		排放（疏水、排污）装置检查		
19		运行期间超温、超压、超量等情况检查		
20		接地装置检查（罐体有接地装置的）		
21		监控措施是否有效实施情况检查（监控使用的压力容器）		
22	安全附件	安全阀		
23		爆破片装置		
24		安全联锁装置（快开门式压力容器）		
25		紧急切断装置		

续表

序号		检查项目与内容	检查结果	备注
26	仪器仪表	压力表		
27		测温仪表		

1. 安全管理情况检查

压力容器安全管理情况检查至少包括以下内容：

①压力容器的安全管理制度是否齐全有效；

②相关规程规定的设计文件、竣工图样、产品合格证、产品质量证明文件、安装及使用维护保养说明、监检证书，以及安装、改造、修理资料等是否完整；

③《使用登记证》《特种设备使用登记表》（以下简称《使用登记表》）是否与实际相符；

④压力容器日常维护保养、运行记录、定期安全检查记录是否符合要求；

⑤压力容器年度检查、定期检验报告是否齐全，检查、检验报告中所提出的问题是否得到解决；

⑥安全附件及仪表的校验（检定）、修理和更换记录是否齐全真实；

⑦是否有压力容器应急专项预案和演练记录；

⑧是否对压力容器事故、故障情况进行记录。

2. 压力容器本体及其运行状况检查

对压力容器本体及其运行状况的检查至少包括以下内容：

①压力容器的产品铭牌及其有关标志是否符合有关规定；

②压力容器的本体、接口（阀门、管路）部位、焊接（粘接）接头等有无裂纹、过热、变形、泄漏、机械接触损伤等；

③外表面有无腐蚀，有无异常结霜、结露等；

④隔热层有无破损、脱落、潮湿、跑冷；

⑤检漏孔、信号孔有无漏液、漏气，检漏孔是否通畅；

⑥压力容器与相邻管道或者构件有无异常振动、响声或者相互摩擦；

⑦支承或者支座有无损坏，基础有无下沉、倾斜、开裂，紧固件是否齐全、完好；

⑧排放（疏水、排污）装置是否完好；

⑨运行期间是否有超压、超温、超量等现象；

⑩罐体有接地装置的，检查接地装置是否符合要求；

⑪监控使用的压力容器监控措施是否有效实施。

3. 安全附件及仪表检查

安全附件的检查包括对安全阀、爆破片装置、安全联锁装置等的检查，仪表的检查包括对压力表、液位计、测温仪表等的检查。

（1）安全阀

1）检查内容和要求。

安全阀检查至少包括以下内容和要求：

①选型是否正确；

②是否在校验有效期内使用；

③杠杆式安全阀的防止重锤自由移动和杠杆越出的装置是否完好，弹簧式安全阀的调整螺钉的铅封装置是否完好，静重式安全阀的防止重片飞脱的装置是否完好；

④如果安全阀和排放口之间装设了截止阀，截止阀是否处于全开位置及铅封是否完好；

⑤安全阀是否有泄漏；

⑥放空管是否通畅，防雨箱是否完好。

2）检查结果处理。

安全阀检查时，凡发现下列情况之一的，使用单位应当限期改正并且采取有效措施确保改正期间的安全，否则暂停使用该压力容器：

①选型错误的；

②超过校验有效期的；

③铅封损坏的；

④安全阀泄漏的。

3）安全阀校验周期。

基本要求：安全阀一般每年至少校验一次，符合特殊要求，经过使用单位安全管理负责人批准可以按照其要求适当延长校验周期。

①弹簧直接载荷式安全阀满足以下条件时，其校验周期最长可以延长至 3 年：

a. 安全阀制造单位能提供证明，证明其所用弹簧按照现行国家标准《弹簧直接载荷式安全阀》（GB/T 12243）进行了强压处理或加温强压处理，并且同一热处理炉同规格的弹簧取 10%（但不得少于 2 个）测定规定负荷下的变形量或刚度，测定值的偏差不大于 15%的；

b. 安全阀内件材料耐介质腐蚀的；

c. 安全阀在正常使用过程中未发生过开启事故的；

d. 压力容器及其安全阀阀体在使用时无明显锈蚀的；

e. 压力容器内盛装非黏性并且毒性危害程度为中度及中度以下介质的；

f. 使用单位建立、实施了健全的设备使用、管理与维护保养制度，并且有可靠的压力控制与调节装置或者超压报警装置的；

g. 使用单位建立了符合要求的安全阀校验站，具有安全阀校验能力的。

②弹簧直接载荷式安全阀在满足第①条第 b、c、d、f、g 项的条件下，同时满足以下条件时，其校验周期最长可以延长至 5 年：

a. 安全阀制造单位能提供证明，证明其所用弹簧按照现行国家标准《弹簧直接载荷式安全阀》（GB/T 12243）进行了强压处理或者加温强压处理，并且同一热处理炉同规格的弹簧取 20%（但不得少于 4个）测定规定负荷下的变形量或者刚度，测定值的偏差不大于 10%的；

b. 压力容器内盛装毒性危害程度为轻度（无毒）的气体介质，工作温度不大于 200℃的。

4）现场校验和调整。

安全阀需要进行现场校验（在线校验）和压力调整时，使用单位压力容器安全管理人员和安全阀检修（安验）人员应当到场确认。调校合格的安全阀应当加铅封。校验及调整装置用压力表的精度不得低于 1 级。在校验和调整时，应当有可靠的安全防护措施。

（2）爆破片装置

1）检查内容和要求。爆破片装置的检查至少包括以下内容：

①爆破片是否超过规定使用期限；

②爆破片的安装方向是否正确，产品铭牌上的爆破压力和温度是否符合运行要求；

③爆破片装置有无渗漏；

④爆破片使用过程中是否存在未超压爆破或者超压未爆破的情况；

⑤与爆破片夹持器相连的放空管是否通畅，放空管内是否存水（或者冰），防水帽、防雨片是否完好；

⑥爆破片和压力容器间装设的截止阀是否处于全开状态，铅封是否完好；

⑦爆破片和安全阀串联使用，如果爆破片装在安全阀的进口侧，检查爆破片和安全阀之间装设的压力表有无压力显示，打开截止阀检查有无气体排出；

⑧爆破片和安全阀串联使用，如果爆破片装在安全阀的出口侧，

检查爆破片和安全阀之间装设的压力表有无压力显示，如果有压力显示应当打开截止阀，检查能否顺利疏水、排气。

2）检查结果处理。爆破片装置检查时，凡发现下列情况之一的，使用单位应当立即更换爆破片装置并且采取有效措施确保更换期间的安全，否则暂停该压力容器的使用：

①爆破片超过规定使用期限的；

②爆破片安装方向错误的；

③爆破片标定的爆破压力、温度和运行要求不符的；

④爆破片使用中超过标定爆破压力而未爆破的；

⑤爆破片和安全阀串联使用时，爆破片和安全阀之间的压力表有压力显示或者截止阀打开后有气体漏出的；

⑥爆破片单独作泄压装置或者爆破片与安全阀并联使用时，爆破片和压力容器间的截止阀未处于全开状态或者铅封损坏的；

⑦爆破片装置泄漏的。

（3）安全联锁装置

检查快开门式压力容器的安全联锁装置是否完好，功能是否符合要求。

（4）压力表

1）检查内容和要求。压力表的检查至少包括以下内容：

①压力表的选型是否符合要求；

②压力表的定期检修维护、检定有效期及其封签是否符合规定；

③压力表外观、精度等级、量程是否符合要求；

④在压力表和压力容器之间装设三通旋塞或者针型阀时，其位置、开启标记及其锁紧装置是否符合规定；

⑤同一系统上各压力表的读数是否一致。

2）检查结果处理。压力表检查时，发现下列情况之一的，使用单位应当限期改正并且采取有效措施确保改正期间的安全运行，否则停止该压力容器使用：

①选型错误的；

②表盘封面玻璃破裂或者表盘刻度模糊不清的；

③封签损坏或者超过检定有效期限的；

④表内弹簧管泄漏或者压力表指针松动的；

⑤指针扭曲断裂或者外壳腐蚀严重的；

⑥三通旋塞或者针型阀开启标记不清或者锁紧装置损坏的。

（5）测温仪表

1）检查内容和要求。测温仪表的检查至少包括以下内容：

①测温仪表的定期校验和检修是否符合规定；

②测温仪表的量程与其检测的温度范围是否匹配；

③测温仪表及其二次仪表的外观是否符合规定。

2）检查结果处理。测温仪表检查时，凡发现下列情况之一的，使用单位应当限期改正并且采取有效措施确保改正期间的安全，否则停止该压力容器的使用：

①仪表量程选择错误的；

②超过规定校验、检修期限的；

③仪表及其防护装置破损的。

4. 检查报告及结论

年度检查工作完成后，检查人员根据实际检查情况出具检查报告，做出以下结论意见：

1）符合要求，指未发现或者只有轻度不影响安全使用的缺陷，可以在允许的参数范围内继续使用；

2）基本符合要求，指发现一般缺陷，经过使用单位采取措施后能保证安全运行，可以有条件地监控使用，结论中应当注明监控运行需要解决的问题及其完成期限；

3）不符合要求，指发现严重缺陷，不能保证压力容器安全运行的情况，不允许继续使用，应当停止运行或者由检验机构进行进一步检验。年度检查由使用单位自行实施时，按照本节检查项目、要求进行记录，并且出具年度检查报告，年度检查报告应当由使用单位安全管理负责人或者授权的安全管理人员审批。

第五节　阀门操作、维护、检修规程

一、手动阀门的操作规程

适用范围：球阀、闸阀、截止阀、蝶阀、止回阀、旋塞阀等。电动阀门手动操作时，所有阀门（安全阀除外）的维护、检修均参考相关规程执行。

1. 手动阀门的操作

①操作阀门前，应认真阅读操作说明；

②操作前一定要清楚气体的流向，应注意检查阀门开闭标志；

③通常情况下，关闭阀门时手轮（手柄）向顺时针方向旋转，开启阀门时手轮（手柄）向逆时针方向旋转；

④手轮（手柄）直径（长度）小于或等于 320 mm 时，只允许一人操作；

⑤手轮（手柄）直径（长度）大于 320 mm 时，允许多人共同操作，或者借助适当的杠杆（一般不超过 0.5 m）操作阀门；

⑥操作阀门时，应缓开缓关，均匀用力，不得用冲击力开闭阀门；

⑦同时操作多个阀门时，应注意操作顺序，并满足生产工艺要求；

⑧开启有旁通阀门的较大口径阀门时，若两端压差较大，应先打开旁通阀调压，再开主阀，主阀打开后，应立即关闭旁通阀；

⑨操作球阀、闸阀、截止阀、蝶阀只能全开或全关，严禁作调节用；

⑩操作闸阀、截止阀和平板阀过程中，当关闭或开启到上死点或下死点时，应回转 1/2～1 圈。

2. 阀门的清洗

①阀门的清洗应从外表面开始，首先用柴油清洗外表面各部位可见的泥污、灰垢、油污，然后用干净布团擦干净；

②检查并记下阀门的标志，填在阀门试验记录卡上；于阀门各连接部位拆卸前的相对位置做标记；

③将阀门全部拆卸，拆卸过程中应注意保护阀杆上的螺纹和阀门及零部件的密封面；

④清洗阀体内部和全部零部件；

⑤检查各部位有无缺陷，有缺陷的应进行修理；

⑥更换不能修复的零部件；

⑦重新安装阀门，并更换填料；

⑧阀门涂漆，并按原记录做标志；

⑨加注润滑脂并待阀门漆干后，将阀门简易包装，待用或入库。

3. 手动阀门的排污操作

①阀门排污的周期应根据季节、阀门所在管线输气量的大小及开关的频次来定，原则上冬季排污次数较夏季多，开关频繁的阀门比开关次数较少的排污周期要短；

②排污应在全开或全关阀门的情况下进行；

③排污前穿戴好劳保用品；

④根据排污阀的类型用内六角或防爆开口扳手缓慢松开排污阀的顶针；

⑤人站在排污口的侧面，待排污结束后拧紧排污阀的顶针，并用检漏液检测是否存在漏气现象；

⑥对和直接主管道连接的阀门排污时应事先清洗阀门，以防阀腔内污物较多划伤阀门密封面；

⑦排污前要确保阀门以前不漏，以防止污物堵塞排污阀时致使阀门关不严导致出现外漏而不能更换。

4. 手动阀门的维护规程

①应保持阀体及附件的清洁、卫生，及时进行除锈补漆；

②每周检查阀门填料压盖、阀盖与阀体连接及阀门、法兰等处有无渗漏，支架和各连接处的螺栓是否紧固，并根据情况及时处理；

③阀门的填料压盖不宜压得太紧，应以阀门开关（阀杆上下运动）灵活为准；

④阀门在使用过程中，不应带压更换或添加盘根；

⑤对阀门的阀杆、阀杆螺母与支架滑动部位，轴承、齿轮和涡轮、蜗杆及其他配合活动部位应根据阀门是否经常开启、所加润滑油种类等情况定期加注润滑油；

⑥对在大温差环境下运行的阀门，如需对阀体螺栓进行热紧固（高温下紧固）时，不应在阀门全关位置进行紧固；

⑦对裸露在外的阀杆螺纹，宜加保护套进行保护。

5. 阀门的检修

（1）检修方式的确定

根据阀门的结构、生产运行特点及重要程度、介质性质、腐蚀速度并结合检查的具体情况，可选择在线修理或离线修理。

（2）检修前的准备

①大口径阀门修理应编写检修方案，制定检修工艺，并经有关部门批准；

②根据检修方案，备齐有关技术资料、工装、夹具、机具、量具和材料；

③检查运行工艺流程，将阀门与相关联的工艺流程断开，排放内部介质，进行必要的置换，并应符合安全规程。

（3）检修内容

①检查阀体和全部阀件；

②更换或添加填料，更换密封预紧所用弹簧件（弹簧、橡胶 O 形圈）；

③对冲蚀严重的阀件，可通过堆焊、车、磨、铣、镀等加工修复；

④弹性密封（软密封）的密封件应更换，重新加工组装，所对应的密封件（闸板、球面、阀芯）应清洗，研磨；

⑤非弹性密封（硬密封）阀门的密封组件应进行互相研磨；

⑥清洗或更换轴承；

⑦修复中法兰、法兰密封面；

⑧检查、调整、修理阀门的传动机构和手动执行装置。

（4）检查零件缺陷的操作

①以水压强度试验检查阀体强度；

②检查阀座与阀体及关闭件与密封圈的配合情况，并进行严密性试验；

③检查阀杆及阀杆衬套的螺纹磨损情况；

④检验关闭件及阀体的密封圈；

⑤检查阀盖表面，清除毛刺；

⑥检验法兰的结合面。

（5）阀门检修的注意事项

①检修阀门应挂牌，标明检修编号、工作压力、工作温度及介质；

②拆卸、组装应按工艺程序，使用专门的工装、工具，严禁强行拆装；

③拆卸的阀件应单独堆放，有方向和位置要求的应核对或打上标记；

④全部阀件进行清洗和除垢；

⑤铜垫片安装前应做退火处理；

⑥螺栓安装整齐，拧紧法兰螺栓时，闸阀、截止阀应在开启状态进行；

⑦阀体为焊接方式组装的阀门时一般不修理。

6. 阀门试验

（1）一般规定

①阀门试验应包括壳体压力试验、密封试验等。

②阀门安装前应逐个进行壳体压力试验和密封试验。有上密封结构的阀门应进行上密封试验，低压密封试验应根据设计要求进行。

③出厂前应到制造厂逐件见证阀门试验，有见证试验记录的阀门，可免除阀门试验。

④带油管的阀门应在制造厂进行阀门本体的见证试验。

⑤装有旁通阀的阀门应随主阀一起试验。

⑥阀门试验宜在专设的试验场地和试验台上进行，安全阀校验应由具备相应资格的检验机构进行检验。

⑦阀门壳体压力试验、上密封试验和密封试验，试验介质宜选择空气、惰性气体、煤油、洁净水或黏度不大于水的非腐蚀性液体等。低压密封试验介质可选择空气或惰性气体。设计无特殊要求时，试验介质的温度应为 5~40℃，当低于 5℃时，应采取升温措施。

⑧不锈钢阀门用清净水作试验介质时，水中的氯离子含量不得超过 25×10^{-6}。

⑨阀门试验前，应将阀体内的杂物清理干净，除去密封面上的油渍、污物，不得在密封面涂抹防渗漏油脂。

⑩试验用压力表应校验合格，并在有效期内。其精度不得低于 1.6 级，表的满刻度值应为被测量最大压力的 1.5~2 倍，压力表不得少于 2 块。

⑪试验介质为液体时，试验前应先排净阀内的空气，试验合格后应及时排尽阀内积液，并用保护盖密封住，阀门试验时，应采取安全防护措施。

（2）壳体压力试验

①壳体压力试验介质是液体时，试验压力应为阀门在 20℃时最大允许工作压力的 1.5 倍。试验介质是气体时，试验压力应为阀门在 20℃时最大允许工作压力的 1.1 倍。夹套阀门的夹套部分试验压力应为阀门在 20℃时最大允许工作压力的 1.5 倍。带袖管阀门的现场试验压力应为袖管的试验压力。

②如订货合同有气体介质壳体试验要求，试验压力应不大于上一条的规定。应先进行液体介质的壳体试验，液体介质试验合格后，再进行气体介质的壳体试验，并采取相应的安全保护措施。

③阀门壳体试验在试验压力下持续时间不得少于 5 min。

④公称压力小于 1.0 MPa 且公称直径大于或等于 600 mm 的闸阀，可不单独进行壳体试验，壳体压力试验宜在系统试压时按管道系统的试验压力进行试验。

⑤壳体试验时，应封闭进、出口各端口，阀门部分开启，向壳体内充入试验液体，排净阀门体腔内的空气，逐渐加压到试验压力，检查阀门壳体各处的情况（包括阀体、阀盖法兰、填料箱等各连接处），以壳体表面、阀体与阀盖连接处无渗漏或无潮湿现象为合格，用气体

进行壳体试验时，用涂刷发泡剂方法检漏，无渗漏、无压降为合格。

（3）密封试验

①阀门密封试验压力应为阀门在 20℃时最大允许工作压力的 1.1 倍，当超过阀门铭牌标识的最大工作压差或阀门配带的操作机构不适宜进行密封试验时，试验压力应为阀门铭牌标识的最大工作压差的 1.1 倍；低压密封试验压力应为 0.6 MPa。

②密封试验宜在壳体压力试验和密封试验合格后进行，密封试验宜在壳体压力试验时一并进行。

③蝶阀密封试验最短持续时间应符合表 3-4 的规定，止回阀和其他阀门密封试验最短持续时间应符合表 3-5 的规定，密封面无渗漏为合格。

表 3-4　蝶阀密封试验最短持续时间

阀门公称直径 DN/mm	保持试验压力最短持续时间/s
≤50	15
65～200	30
≥250	60

表 3-5　止回阀和其他阀门密封试验最短持续时间

阀门公称直径 DN/mm	保持试验压力最短持续时间/s		
	上密封试验	密封试验和低压密封试验	
		止回阀	其他类型阀
≤50	15	60	15
65～150	60	60	60
200～300	60	60	120
≥350	120	120	120

④公称压力小于 1.0 MPa 且公称直径大于或等于 600 mm 的闸阀，可不单独进行密封试验，宜用色印等方法对闸板密封面进行检查，结合面色印连续为合格。

⑤密封试验时，除止回阀外，对规定了介质流向的阀门，应按规

定的流向施加试验压力。

⑥止回阀进行密封试验时，应从介质出口端施加压力，在另一端进行检查。

⑦主要类型阀门的密封试验方法和检查应符合表 3-6 的规定。

表 3-6 密封试验方法和检查

阀门种类	试验方法
闸阀 球阀 旋塞阀	封闭阀门两端，阀门的启闭件处于部分开启状态，给阀门内腔充满试验介质，逐渐加压到规定的试验压力。关闭阀门的启闭件，按规定的时间保持一端的试验压力，释放另一端的压力，检查该端的泄漏情况。重复上述步骤和动作，将阀门换方向进行试验和检查
截止阀 隔膜阀	封闭阀门对阀座密封不利的一端，关闭阀门的启闭件，给阀门内腔充满试验介质，逐渐加压到规定的试验压力，检查另一端的泄漏情况
蝶阀	封闭阀门的一端，关闭阀门的启闭件，给阀门内腔充满试验介质，逐渐加压到规定的试验压力，在规定的时间内保持试验压力不变，检查另一端的泄漏情况。重复上述步骤和动作，将阀门换方向进行试验和检查
止回阀	止回阀在阀瓣关闭状态，封闭止回阀出口端，给阀门内充满试验介质，逐渐加压到规定的试验压力，检查进口端的泄漏情况
双截断与排放结构	关闭阀门的启闭阀，关闭阀门的启闭件，在阀门的一端充满试验介质，逐渐加压到规定的试验压力，在规定的时间内保持试验压力不变，检查两个阀座中腔的螺塞孔处泄漏情况。重复上述步骤和动作，将阀门接试验另一端查看泄漏情况
单向密封结构	关闭阀门的启闭件，按阀门标记显示的流向方向封闭该端，充满试验介质，逐渐加压到规定的试验压力，在规定的时间内保持试验压力不变，检查另一端的泄漏情况

⑧具有上密封结构的阀门的密封试验，应符合下列规定：

a. 上密封试验的压力应为阀门在 20℃时最大允许工作压力的 1.1 倍；

b. 上密封试验时，应封闭阀门的进、出各端口，向阀门壳体内充入液体试验介质，排净体腔内的空气，开启阀门到全开位置，逐渐加压到试验压力，达到稳压时间要求后，观察阀杆填料处的情况，无渗漏为合格。

7. 阀门的常见故障和处理方法

常温阀门常见故障和处理方法见表 3-7。

表 3-7　常温阀门常见故障和处理方法

故障	原因	处理方法
填料处泄漏	①填料超期使用，已老化； ②操作时用力过大； ③填料压兰螺栓没有拧紧	①应及时更换损坏/老化的压料，逐圈安放，接头呈30°~40°； ②应按正常力量操作，不许加套管或使用其他方法加长力臂； ③均匀拧紧压住压料螺栓
密封面泄漏	①阀门安装方向与介质流向不符； ②关闭不到位； ③久闭的阀门在密封面上积垢； ④密封面轻微擦伤； ⑤密封面损伤严重	①注意安装检查； ②重新调整执行机构上的调整螺栓，关严到位； ③将阀门打开一条小缝，让高速流体把污垢冲走； ④调整垫片进行补偿； ⑤重新研磨，调整垫片进行补偿
法兰连接处泄漏	①螺栓拧紧力不均匀； ②垫片老化损伤； ③垫片选用材料与工况要求不符	①重新均匀拧紧螺栓； ②更换垫片； ③按照工况要求正确选用材料，必要时联系厂家，重新选择材料
手柄/手轮的损坏处泄漏	①使用方法不正确； ②紧固件松脱； ③手柄、手轮与阀杆连接受损	①禁止使用管钳、长杠杆、撞击工具； ②随时修配； ③随时修复
蜗杆蜗轮传动咬卡	①不清洁、嵌入脏物，影响润滑； ②操作不善	①清除脏物、保持清洁、定期加油； ②若操作时发现咬卡，阻力过大时，不能继续操作，应该立即停止，彻底检查

低温阀门常见故障和处理方法见表 3-8。

表 3-8 低温阀门常见故障和处理方法

故障	原因	处理方法
阀门漏气	①阀顶、与阀座密封面被硬物（硅胶、金属屑、焊渣等硬物）压伤，形成凹痕； ②阀门的阀杆中心线与阀座密封面（阀面）不垂直； ③阀顶与阀面因长期使用而磨损； ④阀杆外螺套的两端产生裂纹	①采用研磨或车削后研磨的方法加以修复或更换； ②重新装配或更换； ③采用研磨或车削后研磨的方法加以修复或更换； ④将阀杆抽出重新灌锡、拧紧，并最好采用银焊焊接
阀门填料跑冷冻结	①填料填装不匀、不紧，或阀杆不直、不圆时，低温液体或气体就会顺填料处的缝隙外漏； ②由于冷量外传，空气中的水分会冻结在填料上，将阀杆冻住	①检修阀门后，应将填料装匀、装紧，将压紧螺帽拧紧； ②采用蒸汽或热水加热填料才能开关阀门
法兰泄漏	①密封面不光洁、不平整； ②螺栓未均匀上紧； ③螺栓材质选择不当	①采用研磨或车削后研磨的方法加以修复或更换密封垫圈； ②螺栓重新均匀上紧； ③更换螺栓

二、电动阀门的操作规程

适用范围：适用于电动阀门的维护、检修。

1. 操作前的准备

①操作阀门前，应认真阅读操作说明；

②操作前一定要清楚气体的流向，应注意检查阀门开闭标志；

③检查电动阀外观，看该电动阀门是否受潮，如果受潮则需要干

燥处理；若有其他问题要及时处理，不得带故障操作；

④对停用 3 个月以上的电动装置，启动前应检查离合器，确认手柄在手动位置后，再检查电机的绝缘、转向及电气线路。

2. 远程电动操作

①操作人员接到操作指令后，首先检查电动球阀的电源是否接通，再检查阀门是否处于可操作状态。若符合，则按以下步骤进行操作；若不符合，则应立即上报；

②选择现场/停止/远程操作，操作人员在现场将红色旋钮顺时针旋转至远程位置，可通过远程控制信号操作执行器，逆时针旋转红色旋钮至 STOP 可使执行器停止运行，远程控制只能用于开和关；

③观察值班室操作台上阀位显示灯，确定阀门工作状态；

④核实操作台上阀位显示灯显示位置与现场阀位指示盘上指针指示是否一致；

⑤做好阀门操作记录；

⑥向上级回复操作指令。

3. 现场电动操作

①观察指示器所指位置；

②将操作方式锁定在现场（LOCAL）位置；

③按下阀门操作按钮，同时观察阀位指示盘上指针是否转动，阀门开关显示灯是否闪亮；

④核定指针所指位置与显示灯指示位置是否一致；

⑤将阀门状态牌翻转为相应的阀门状态；

⑥做好阀门操作记录；

⑦向上级回复操作指令。

4. 手动操作

①接到上级下达的现场手动操作阀门指令后，才能进行阀门启、闭操作。

②检查阀门状态。阀门是否处于可操作状态。若符合，则按以下步骤进行操作。若不符合，则应立即上报。

③压下手柄，使其挂上离合器，此时松开手柄，手柄将自动弹回初始位置，手轮将保持啮合状态，然后旋转手轮启、闭阀门。

④阀门操作完成后，应检查阀门状态是否达到指令要求。检查方法：观察显示屏幕上的数值（0 为全关，99 为全开）及观察阀体上阀位指示盘上的指针方向。

⑤观察动作阀门线路的相关设备是否运行正常。

⑥达到操作要求后，将红色旋钮旋转至远程位置。

⑦将阀门状态牌翻转为相应的阀门状态。

⑧做阀门操作完成记录。

⑨向上级回复操作指令。

注意：关于电动执行器的操作，任何情况下都不应使用如加力扳手之类的附加工具旋转手轮来开、关阀门，这将容易导致阀门或执行器的损坏。每一次阀门操作完成后必须将红色选择器旋至远程位置。每一次的电动阀门启、闭操作都必须填写阀门操作记录。当电动阀门有任何异常时首先必须向上级汇报，汇报的同时紧急情况个人能处理的先处理，然后做操作过程记录，切不可胡乱操作。

5. 电动阀门操作注意事项

①启动时，确认离合器手柄处在相应位置；

②如果是在控制室控制电动阀，把转换开关打至 REMOTE 位置，然后通过 SCADA 系统控制电动阀的开关；

③如果手动控制，把转换开关打在 LOCAL 位置，就地操作电动阀的开关，电动阀开到位或者关到位的时候它会自动开始或停止工作，最后把运行转换开关打到中间位置；

④现场操作阀门时，应监视阀门开闭指示和阀杆运行情况，阀门开闭度要符合要求；

⑤现场操作全关闭阀门时，在阀门关到位前，应停止电动关阀，改用微动将阀门关到位；

⑥对行程和超扭矩控制器整定后的阀门，首次全开或全关阀门时，应注意监视其对行程的控制情况，如阀门开关到位置没有停止的，应立即手动紧急停机；

⑦在开、闭阀门过程中，发现信号指示灯指示有误、阀门有异常响声时，应及时停机检查；

⑧操作成功后应关闭电动阀门的电源；

⑨同时操作多个阀门时，应注意操作顺序，并满足生产工艺要求；

⑩开启有旁通阀门的较大口径阀门时，若两端压差较大，应先打开旁通阀调压，再开主阀：主阀打开后，应立即关闭旁通阀；

⑪收发清管球（器）时，其经过的球阀必须全开；

⑫操作球阀、闸阀、截止阀、蝶阀只能全开或全关，严禁做调节用；

⑬操作闸阀、截止阀和平板阀过程中，当关闭或开启到上死点或下死点时，应回转 1/2～1 圈。

6. 电动阀门的维护规程

阀门部分参照手动阀门的保养规程，电动执行机构保养规程如下：

①阀杆外盖有无松动现象，检查螺钉是否拧紧；

②显示开关状态是否正常；

③设备卫生是否清洁，接地线是否完好；

④检查电动执行机构状态是否正常；

⑤对局部锈蚀处进行除锈补漆；

⑥检查手动、电动切换装置运行是否正常；

⑦检查阀杆连接处有无潮气现象；

⑧检查电动头的润滑油有无外潮现象；

⑨盘概处有无潮气现象；

⑩检查核对远传信号是否正常；

⑪线路截断阀每年由专业人员至少进行一次自动截断测试，确保随时处于完好状态；

⑫每年入冬前，打开齿轮箱检查所有操作内部部件（蜗杆、涡轮、轴承、轮齿等）是否损坏，必要时进行修理或更换，并对齿轮箱内部部件进行充分的清理和润滑，无法打开维护的阀门齿轮箱应定期从注油嘴注入润滑脂；

⑬如发现齿轮箱内积水、结冰，则除去所有冰、水和旧的润滑脂，重新涂上新的润滑脂；

⑭检查传动装置是否松动，如松动则在阀门全关的状态下进行紧固；

⑮每次开关阀门后检查传动装置与阀门连接的螺栓有无松动，必要时紧固；

⑯保持装置开关标识清晰，无污物、锈蚀，卫生达标；

⑰记录维修、更换等工作内容。

三、气液联动阀的操作规程

适用范围：本规程适用各类型气液联动阀。

1. 操作前检查

①驱动装置进气阀处于全开状态，观察气压表压力值，应达到规定要求；

②检查气路和油路管道及接头处有无泄漏；

③液压定向控制阀选择开或关后，用手泵检查执行机构的工作情况，阀门开关运行应平稳、无卡阻现象。

2. 气动操作

①液压定向控制阀选择在自动（气动）位置，按下或拉出开关手柄，即实现阀门开或关；

②阀门开关到位后，放松手柄，气压罐中气体将自动排放；

③调节可调式减压阀开度大小，可决定阀门开关速度。

3. 压降速率超限保护

①调节膜片式导阀，使压降速率达到规定值；

②调节延时罐进气阀，使延时时间达到所需值；

③液压定向控制阀选择在自动（气动）位置；

④当管线发生爆管时，压降速率在延时时间内连续超过所设定的值，经控制系统调节，气液压罐进气，使阀门关闭。

4. 手动操作及气液装置

①手动操作，当气源压力低于开阀所需压力值时，开（关）液压定向控制阀，而后摇动手泵即实现阀门开大；

②活塞拨叉式气液装置可做阀门开度调节；旋转叶片式气液装置只可做阀门全开、全关运动，适用于切断阀。

5. 气液联动阀的维护

①气液联动阀的阀门维护参考手动阀门操作规程；

②气动和液动装置维护见表 3-9。

表 3-9　气动和液动装置维护

维护周期	维护内容	维护标准	备注
每个月	清洁	无灰尘和污渍	
	防腐	防腐层完好	
	检查电气控制回路	无断路或接触不良	
	检查管路	无漏水、漏气	
每半年	检查限位开关、力矩限位开关	控制正常	
	检查驱动气源气质、液压油质，加注密封脂	源气质、液压油质符合规范	

6. 气液联动阀常见故障及原因

气液联动阀常见故障及原因见表 3-10。

表 3-10　气液联动阀常见故障及原因

故障	原因
驱动器不能驱动阀门	①气源压力不足； ②管路及连头漏气、漏油、堵塞； ③液压定向控制阀选择不正确； ④活塞或旋转叶片密封失效； ⑤阀门受卡，扭矩过大； ⑥驱动器机械转动装置卡死或脱落
气动操作缓慢迟滞	①截止阀、节流止回阀开度调得过小； ②过滤器堵塞； ③开关控制阀泄漏； ④油缸内混有气体； ⑤注压油变质
压降速率超限、防护误动作	①压降速率、延时时间调整不当； ②蓄压阀（参比罐、泄压阀）泄漏； ③信号采集气源误关断，关断点到信号采集点气路有泄漏

续表

故障	原因
压降速率超限、防护不动作	①压降速率、延时时间调整不当； ②注压定向控制阀选择不正确； ③蓄能器无气压（误排放）； ④油路、气路堵塞
手泵扳不动	①液压定向控制阀选择不正确； ②油路堵塞； ③卡阀或开关已到位

四、安全阀的操作规程

1. 弹簧式安全阀的清洗操作

①关闭安全阀上游阀门；

②打开安全阀（或其他放空处），使安全阀上流管段泄压放空；

③卸开阀顶护罩，松开固定螺母，然后松开调节螺丝，以卸去对弹簧的压力；

④卸开阀盖，对其各部分进行清洗；

⑤清洗时检查阀芯与阀座是否光滑、洁净，以确保密封性能；

⑥清洗检查后，装好各部件，装上阀盖。

2. 弹簧式安全阀的重新调试操作

①安全阀的调试必须由有资质的单位执行；

②关闭放空阀或其他放空处；

③缓开安全阀上流阀门；

④旋转调节螺丝以压紧（或松开）弹簧，使阀瓣恰好在要求的放散压力时打开，放散压力设定在额定压力的 1.05～1.15 倍；

⑤设定好后，使安全阀放散三次，检查其放散压力和阀座密封情

况，要求安全阀动作灵敏、准确；

⑥调试完后，固定好锁紧螺母，套上护罩。

3. 操作注意事项

①安全阀清洗完后，必须重新调试。

②应选用轻油类物质清洗安全阀。

③调试完后初运行阶段，应仔细观察安全阀的运行情况。

④要经常保持安全阀的清洁，防止阀体弹簧等被油垢脏物塞满或被腐蚀，防止安全阀排放管被油污或其他异物堵塞；经常检查铅封是否完好，防止杠杆式安全阀的重锤松动或被移动，防止弹簧式安全阀的调节螺丝被随意拧动。

⑤发现安全阀有泄漏迹象时，应及时更换或检修。禁止用加大载荷（如过分拧紧弹簧式安全阀的调节螺丝或在杠杆式安全阀的杠杆上加挂重物等）的方法来消除泄漏。为防止阀瓣和阀座被气体中的油垢等脏物黏住，致使安全阀不能正常开启，对用于空气、蒸汽或带有黏滞性脏物但排气不会造成危害的其他气体的安全阀，应定期做手提排气试验。

⑥定期检查运行中的安全阀是否出现泄漏、卡阻及弹簧锈蚀等不正常现象，并注意观察调节螺套及调节圈紧定螺钉的锁紧螺母是否有松动，若发现问题应及时采取适当措施。

⑦安装在室外的安全阀要采取适当的防护措施，以防止雨雾、尘埃、锈污等脏物侵入安全阀及排放管道，当环境低于 0℃时，还应采取必要的防冻措施以保证安全阀动作的可靠性。

⑧对安全阀进行操作时除遵守以上要求外，还应遵守《压力容器安全技术监察规程》和《安全阀安全技术监察规程》（TSG—ZF001）的相关规定。

第六节 过滤器操作、维护、检修规程

一、过滤器的操作维护规程

①了解和掌握过滤器的性能、原理及作用。

②每次巡检时检查过滤器的差压表压力值，对显示数值应及时记录。

③定期用检漏液检查各连接处有无泄漏。

④定期对过滤器进行锈点检查，并对发现的锈点进行除锈防腐。

⑤有排污口的过滤器要定期（冬季要缩短排污周期）排污，排污操作如下：

a. 开启备用管线保证正常供气；

b. 关闭过滤器进、出口阀门；

c. 打开 G 形球阀，缓慢开启阀套式排污阀；

d. 待压力降到 0.1 MPa 以下时，再把排污阀全部打开；

e. 打开过滤器上的手动放散阀，将过滤器内的剩余气体排放干净；

f. 拧下顶盖上的安全螺栓，拿掉锁扣，打开快开盲板；

g. 开盖后取下滤芯，拿到安全地带把滤芯清洗干净后晾干；

h. 若滤芯受损，则需更换新的滤芯；

i. 重新安装好滤芯，拧好滤芯盖，装好快开盲板，装好锁扣，旋好安全螺栓；

j. 关闭排污阀，关闭安全放散阀；

k. 置换这段管线至合格，过滤器投入正常运行；

l. 放散过程中，要注意监控周围环境，杜绝一切火源。

⑥过滤器的过滤元件在清洁的情况下，一般上下游压差不超过

10 kPa，当压差达到 100 kPa 或达到更换周期时，应考虑清洁或更换过滤元件（腰轮流量计过滤器压损不大于 0.05 MPa，否则需清洗过滤网）。

二、过滤器的常见故障、原因及处理方法

过滤器的常见故障、原因及处理方法见表 3-11。

表 3-11 过滤器的常见故障、原因及处理方法

故障	原因	处理方法
压损过高	①安装时压损过高； ②滤芯被堵	①选型偏小，更换较大型号过滤器； ②清洗或更换滤芯
压损突然降低	①滤芯破裂脱落； ②连接松动	①更换滤芯； ②拧紧螺栓

第七节　调压器操作、维护、检修规程

一、调压器的操作规程

调压器是一种无论气体的流量和上游压力如何变化都能保持下游压力稳定的装置，一般分为直接式调压器和间接式调压器。

1. 直接式调压器

直接式调压器的出口压力 P_2 通过调整调节弹簧加载力而设定，当调压器下游流量增大时，出口压力 P_2 有下降的趋势，此时，主调压器下腔内的压力下降，使得调压膜片在调压弹簧的作用下向下移动，在杠杆的作用下阀杆带动调压阀瓣向上移动，使调压阀瓣与阀口的开度

加大，从而通过阀口的流量增加，维持下游压力的恒定。

2. 间接式调压器

间接式调压器入口压力被指挥器减压后作用于主阀皮膜上，出口压力反向作用于主阀皮膜上，同时也与指挥器设定的弹簧力反向。当下游压力下降，低于指挥器弹簧设定值时，指挥器弹簧使指挥器皮膜动作，指挥器阀口打开，负载压力加大，从而使主阀阀口打开，使流量加大以满足要求，当下游的流量增加到满足需求后，指挥器受下游压力增加的作用，使指挥器的阀口关闭，作用在指挥器上的负载压力相应减小。指挥器弹簧力的设定通过调节指挥器上的螺钉来实现。

3. 调压器的调试（间接式调压器）

①将调压器入口球阀、出口球阀关闭，并确认调压器前、后管道压力为 0；

②将调压器指挥器调节螺栓逆时针旋转使指挥器弹簧完全放松；

③缓慢、微量开启调压器入口球阀，确认该路调压器各部位无泄漏，缓慢、完全开启调压器入口球阀；

④设定调压器切断阀切断压力：

a. 将超压切断阀复位，缓慢顺时针旋紧设定螺钉（稍微用力旋不动为止）；

b. 顺时针缓慢调整指挥器的设定螺钉，逐步升高调压器出口压力，每次升压操作后，应视情况等待 1～2 min，待调压器出口压力稳定后，再开始新一轮升压动作，直到调压器出口压力达到预设切断压力值；

c. 逆时针缓慢旋转调压器超压切断设定螺钉，观察调压后压力表，切断阀动作后，确认压力表读数与预设定切断压力值相同；

d. 缓慢关闭调压器入口球阀，先后放散调压器出口、进口管道中的燃气；

e. 复位切断阀，然后按以上步骤再调整一次，直至确认切断压力无误，此时方可确认调压器切断阀切断压力设置完成；

f. 设定出口压力：关闭进出口阀门，将指挥器设定螺钉彻底旋松，打开取气口阀门，排除调压器内的燃气，缓慢完全打开调压器入口阀门，顺时针调节指挥器设定螺钉（顺时针旋转为增大出口压力设定值，反之为减小出口压力设定值），观察压力表变化，根据供气协议和相关规范要求，设定出口压力；

g. 进行关闭实验，在调压器满负荷工作且进口压力达到或接近允许最大值时，待出口压力稳定后进行关闭压力实验，做法如下：逐渐关闭调压器出口阀门，观察调压器出口压力变化，最后将出口阀门全部关闭。如果出口压力不超过规定的关闭压力（关闭压力 $P_b \leqslant 3.25\,P_2$），则关闭压力实验合格，否则应进行维修或更换零件，务必使关闭压力合格。

4. 调压器正常工作时的操作

启动调压器：检查下游阀处于关闭状态；缓慢打开上游阀门；打开指挥器保护罩，操作指挥器调节螺杆，压力达到所需给定的压力为止，合上指挥器保护罩；观察压力稳定后，再缓慢打开下游阀恢复供气；

升高压力：顺时针调整指挥器的设定螺钉，使调压器出口压力升高。具体调整方法为：顺时针缓慢调整指挥器的设定螺钉，每次升压操作后，应视情况等待 1～2 min，待出口压力稳定后，再开始新一轮升压动作，直到达到所需的压力值。

降低压力：逆时针调整指挥器的设定螺钉，使调压器出口压力降低。具体调整方法为：逆时针缓慢调整指挥器的设定螺钉，每次降压操作后，应视情况等待 1～2 min，待出口压力稳定后，再开始新一轮降压动作，直到达到所需的压力值。

调压器停运：缓慢松开指挥器调节螺杆，使调压器停止工作；缓慢关闭上游切断阀，如要保持生产则同时打开旁通阀控制生产；缓慢关闭下游切断阀。如检修时将管道内天然气放空，即可开始维修工作。放散时注意：现场防火防静电、缓慢开启阀门、控制流速、连续监测周边气体浓度。

5. 调压器的故障排除

调压器除定期检查维护外，若有工作不正常预兆，就要立即检查维护。调压器一般故障处理见表 3-12。

表 3-12　调压器一般故障处理

异常现象	产生原因	消防方法
给定压力逐渐偏低	止回阀喷嘴有污物，不通畅；止回阀膜漏气	清洗止回阀、换膜片
给定压力逐渐增大	阻尼嘴有污物；主阀弹簧折断	清洗更换弹簧
调压器不稳定	调压器规格过大；止回阀调节范围不对	更换主阀、止回阀的弹簧
调压器不灵敏	阀杆有卡阻现象	定期清洗

6. 注意事项

①调压的同时必须控制流量，流量的变化必须缓慢。

②任何操作，其动作必须缓慢，随时注意设备的工作是否正常，当发现有燃气泄漏及调压器有喘息、压力跳动等问题时，应及时处理，

等到正常后再继续操作。严禁粗鲁、过快地操作，防止气体脉冲、喘振而破坏设备，甚至造成意外事故。

③调压器切断后，在复位时必须将管段内的天然气放空，严禁带压复位，带压复位容易将切断阀连接鞘折断。

④调压器外观应无锈蚀和损伤，定期清除各部件油污、锈斑，确保取压管路畅通。

⑤新投入运行和保养维修后的调压器，必须经过调试，达到技术要求后方可投入运行。检修后的系统必须经过 24 h 以上的正常运行，才可转为备用状态。

⑥当调压器、安全切断装置失灵造成出口超压时，应立即关闭故障调压器前、后阀门，并切换至备用通路运行，尽快对故障调压器进行维修。

⑦停气后重新启动调压器时应检查调压器进、出口压力及相关参数。

⑧作业人员须严格遵守安全管理的规定，并按照相关要求穿戴相应的劳动保护用品。

二、调压器的维护规程

1. 日常维护

①用肥皂液（或检漏仪）检查调压器是否外漏；

②检测调压器的出口压力是否正常；

③关闭调压器的进、出口阀；

④排空腔体内气体；

⑤清洗（或更换）过滤器；

⑥清洗调压器主体，更换易损件；

⑦清洗指挥器，更换易损件；

⑧吹洗信号管；

⑨清洗切断阀主体，更换易损件；

⑩组装好调压器，打开调压器进口阀门，进行查漏；

⑪合格后按照规定调试调压器切断压力、关闭压力；

⑫调试出口压力，送气。

2. 中修作业

根据气质使用情况，每半年定期对调压器内部进行清洁；对易溶胀或老化的橡胶件如阀瓣、薄膜、O 形圈等应定期进行检查或更换，以保证供气的安全正常使用。

3. 大修作业

调压器的大修作业主要是对平衡组件的维修。维修方法如下：

①关闭调压器的进、出口端的阀门，从调压器出口端检测口处卸掉压力；

②将平衡阀两侧的信号管拆下；

③卸下阀位指示器；

④松开平衡阀法兰上的螺杆，卸下平衡阀组件；

⑤松开螺母（注意防止螺母被弹簧力弹出伤人），取下平衡活塞；

⑥清洗污垢；

⑦检查 O 形圈、导向圈是否溶胀或损坏，必要时应及时更换新的零件；

⑧重组。所有封口皆可以油脂涂抹，重组时应小心，以免损伤封口，重组各零件、部件，并检查活动部件是否灵活运动。特别

注意：平衡组件总装时，应保证距离 $h>2\ mm$，否则调压器不能关闭。

调压器一般常见故障及原因见表 3-13。

表 3-13 调压器一般常见故障及原因

故障现象	产生原因	排除方法
调压器出口设定压力降低	实际流量超过调压器的设计流量；调压器内部杂质过多，有卡阻现象	选用适合的调压器；清洗调压器内部
调压器出口设定压力升高	膜片溶胀、老化或损坏；阀门密封垫片溶胀、老化；阀瓣组件内的 O 形圈损坏	更换膜片；更换溶胀的密封垫片；更换 O 形圈
调压器出口压力波动	流量过低或调压器前端管线压力波动过大	调节调压器出口流量，并与上游公司联系

第八节　加臭装置操作、维护、检修规程

一、加臭机的操作规程

1. 操作前的准备工作

①操作人员应到气化调压站加臭装置处对加臭装置进行检查，确认各种工艺管道、阀门及接口处无泄漏；

②检查确定电源及流量信号的输出情况是否正常；

③检查工作泵进、出口阀门、回流口阀门有无锈蚀；

④检查加臭泵机油情况，润滑油液面高度在泵轴的 1/2 处；

⑤首次工作时拧开工作泵排气口螺栓；

⑥观察臭剂罐液位高度，检查计量罐内臭剂量，不得少于液面计的 20 格标处，如液位高度不足时应及时向臭剂罐补充臭剂，严禁在臭剂罐中臭剂不足的情况下启动加臭泵。

2. 臭剂加料操作

①打开储罐上呼吸罐阀门，液位计上、下阀门；

②观察臭剂储罐液位计，查看臭剂储量是否在规定储量内（液位不得低于 10 mm）；

③如储罐内臭剂低于规定量，则将臭剂输送装置组装好，即安装在臭剂桶的出料口（大口）上，输液管一端探至臭剂桶桶底，另一端通过上料球阀插入储罐内；注意相关连接部位的密封，不能有泄漏；

④打开加料气源（氮气瓶）气阀，并观察减压阀气压，将其控制在≤0.03 MPa 范围内。待储罐内臭剂达到规定高度时，关闭氮气瓶阀门；

⑤当臭剂加入量达到储罐规定高度（760 mm）时，关闭储罐进料球阀；

⑥整理上料装置，封闭臭剂桶；

⑦加臭设备运行时，应每小时观察一次储罐臭剂储量，以便及时补充。

3. 控制柜内控制器的设定方法

①首先根据所采用的控制方式连接好各外接引线，并仔细检查各连接线接法是否正确可靠。

②手动/自动按键是手动/自动转换开关，自动控制时，触按此键自动指示灯亮，此时控制泵的输出频率随流量计的流量信号大小，线性自动增减。手动控制时，手动指示灯亮，拨码开关的后两位用于调节输出频率。显示屏所显示的数值为控制脉冲电流的累积输出次数。

③将"◁""▷""↵"三键同时按下，即进入时间调整状态。

4. 加臭设备操作程序

①进入场站工艺区打开加臭装置控制柜内工作泵进、出口阀门、回流口阀门（首次工作时拧开工作泵排气口螺栓，工作至气泡全部排出时，将排气口螺栓拧紧，调节行程调整螺母，以确定单次注入量）；

②检查加臭装置控制系统，如无异常，启动加臭泵，打开回流 10 min，观察转子流量计中的转子是否跳动，若跳动，则为正常运行；

③关闭回流口阀门，当泵的工作压力达到燃气管道系统压力后，打开管道上的加料口阀门，即可进入工作状态；

④开车投入运行时，先用手动挡试车 5 min，自动挡试车 10 min，停机后检查系统工作情况，各部分无异常方可正式投入运转，运转前关闭回流口阀门，打开加入口阀门及加入口前端阀门；

⑤单次注入量标定：在泵正常工作状态下，关闭液面计阀门，观察液面每次下降数值（调节泵后端旋钮，可获得合适的单次注入量），单次注入量标定完成后，立即开启液面计阀门，进入正常工作状态（每立方米燃气加注 16～25 mg 四氢噻吩）；

⑥加臭泵启动后，操作人员应到现场对运行情况进行检查，如发现跑、冒、滴、漏现象或发现加臭泵有异常响声，应立即停泵进行检

查、维修;

⑦正常运转后,运行泵的防爆开关及进出口阀门可全部经常开启,若燃气量较小时加臭量很少,需每日定时适量加臭;

⑧操作结束。缓慢打开加臭泵循环阀,然后缓慢关闭加臭系统出口阀门,确认系统无异常后,关闭加臭泵。待泵停止工作后关闭加臭泵循环阀。停机时首先关闭电源,然后再关闭泵的出口阀门。操作人员对停机后的加臭装置进行检查,确认无异常后离开现场,并在中控室运行记录本上填写关机时间。

二、加臭机的维护保养规程

①加臭机装置维护和检修人员应经过专业培训,合格后上岗。

②每天对加臭机的运行状况检查一次,根据检查结果进行维护保养,填写维护保养记录。维护保养范围:

a. 过滤器部件;

b. 止回阀、截止阀部件;

c. 加臭泵;

d. 加臭装置的密封性能;

e. 加臭装置的控制器及电器元件。

③发生故障需要维修时,应由部门负责人确认后进行。完成检修的设备应经过不少于 24 h 的试运行。

④维修人员应按规定穿戴专业安全防护眼镜、防护手套、防毒面具等防护物品。

⑤加臭装置维修现场应备有消防器材。

第九节　仪表操作、维护、检修规程

一、仪表的操作规程

①检查仪表各阀门开启位置是否正常；

②开启仪表的电源开关（压力变送器、温度变送器）；

③开关上下游阀门时，应缓慢平稳，避免冲击损坏仪表的零部件，应观察仪表有无卡阻现象；

④不能随意敲击仪表，应检查仪表的接头和法兰是否泄漏；

⑤对仪表的选择应准确（测量范围、精度等级）；

⑥定期对各种仪表进行鉴定，确保计量及测量准确；

⑦若仪表不用时，应放空仪表内的管存气、关闭仪表阀门及电源。

二、仪表的维护规程

①定期检查仪表周围环境，确保无不安全因素；

②定期清洗整理仪表，保持卫生整洁；

③定期检查仪表本体和连接件，确保无损坏和腐蚀情况；

④定期对仪表进行泄漏检测，确保无泄漏；

⑤定期检查仪表显示压力、温度等参数，确保在工作范围之内；

⑥定期检查变送器信号线，应整齐无损坏；

⑦定期检查变送器电源电压，应在规定范围之内；

⑧定期对变送器进行排污，确保变送器正常工作。

三、压力检测装置操作维护

①压力检测装置是指各类压力表、差压表、压力传感器、压力变送器等压力检测装置。

②操作工要取得计量检定员证，方可按照相应的计量检定规程检定校准压力检测装置。

③操作工要熟悉和掌握压力检测装置的工作原理、性能、技术要求，要按照使用注意事项、操作规程要求正确使用压力检测装置。

④操作工按制定的检定计划周期检查压力检测装置，仪表工要能明确区分强检和非强检压力检测装置，由仪表工按照操作规程要求拆装压力检测装置。

⑤操作工定期检查压力检测装置。检查时要查看压力检测装置的确认标记，保证压力检测装置在有效期内运行。要进行各接头处的试漏试验和压力检测装置的气密性试验。要查看压力检测装置能否正常运行。要检查所使用的压力检测装置的准确度等级、量程是否符合实际工况要求。操作工每次巡检、维护、修理后要做好巡检维护修理记录。

⑥对经常出现问题的压力检测装置要考虑更换型号，对于检定合格率低的要考虑缩短检定周期。

⑦对于不经常使用的压力装置，要拆除并另外予以存放。

⑧操作工负责保持压力检测装置清洁和保持压力检测装置各部件的完整。根据需要做好防锈保养，保证压力检测装置不被锈蚀。

压力表常见故障、原因及排除方法见表3-14。

表3-14 压力表常见故障、原因及排除方法

故障	原因	处理方法
压力表无指示	①导压管上的切断阀未打开；②导压管堵塞；③弹簧管接头内污物淤积过多而堵塞；④弹簧管裂开	①打开切断阀；②拆下导压管，用钢丝疏通，用气吹干净；③取下指针和刻度盘，拆下机芯，将弹簧管放到清洗盘清洗，并用细钢丝疏通；④更换新的压力表
指针抖动大	①被测介质压力波动大；②压力表的安装位置振动大；③高压、低压和平衡阀连接漏气（双波纹管差压计）	①关小阀门开度；②固定压力表或取压点；或把压力表移到振动小的地方；也可装减震器；③检查出漏气点并排除
压力表指针有跳动或呆滞现象	指针与表面玻璃或刻度盘相碰有摩擦	矫正指针，加厚玻璃下面的垫圈
压力取掉后，指针不能恢复到零点负值	①指针打弯；②指针松动	①用镊子矫直；②校验后敲紧
指示偏低	①导压管线有泄漏；②弹簧管有渗漏	①找出泄漏点排除；②补焊或更换

压力变送器（差压液位变送器）常见故障、原因及排除方法见表3-15。

表 3-15　压力变送器（差压液位变送器）常见故障、原因及排除方法

故障	原因	处理方法
压力信号不稳	①压力源本身不稳定； ②仪表或压力传感器抗干扰能力不强； ③传感器接线不牢； ④传感器本身振动很厉害； ⑤变送器敏感部件隔离膜片变形、破损和漏油现象发生； ⑥补偿板对壳体的绝缘电阻大； ⑦变送器有泄漏； ⑧引压管泄漏或堵塞	①稳定压力源； ②紧固接地线； ③紧固传感器接线； ④固定传感器； ⑤更换变送器； ⑥减小绝缘电阻； ⑦检查出泄漏部位并排除； ⑧清洗疏通引压管，排除漏点
变送器接电无输出	①接错线（仪表和传感器都要检查）； ②导线本身的断路或短路； ③电源无输出或电源不匹配； ④仪表损坏或仪表不匹配； ⑤传感器损坏	①检查仪表和传感器线路接错处并排除； ②检查断路或短路点并排除； ③更换电源； ④更换仪表； ⑤更换传感器

四、温度检测装置操作维护

①温度检测装置是指各类温度计、温度传感器、温度变送器等温度检测装置。

②操作工只有取得计量检定员证，方可按照相应的计量检定规程检定校准温度检测装置。

③操作工要熟悉和掌握温度检测装置的工作原理、性能、技术要求，要按使用注意事项、操作规程要求正确使用温度检测装置。

④操作工按制定的检定计划周期检查温度检测装置，操作工要能明确区分强检和非强检温度检测装置，由操作工按照操作规程要求拆

装温度检测装置，要保证接头连接紧密、无泄漏。

⑤操作工定期检查温度检测装置。检查时要查看温度检测装置的确认标记，保证温度检测装置在有效期内运行。要进行各接头处的试漏实验和温度计套管的气密性试验。要查看温度检测装置能否正常运行。要检查所使用的温度检测装置的准确度等级、量程和适用范围是否符合实际工况要求。操作工每次巡检、维护、修理后要做好巡检维护修理记录。

⑥对于经常出现问题的温度检测装置要考虑更换型号，对于检定合格率低的要考虑缩短检定周期。

⑦对于不经常使用的温度装置，要拆除并另外予以存放。

⑧操作工负责保持温度检测装置清洁和保持温度检测装置各部件的完整。根据需要做好防锈保养，保证温度检测装置不被锈蚀。

温度变送器常见故障、原因及排除方法见表3-16。

表 3-16　温度变送器常见故障、原因及排除方法

故障	原因	处理方法
显示值比实际值低或不稳定	①保护管内有金属屑、灰尘；②接线柱间脏污及热电阻短路（水滴等）	①除去金属屑，清扫灰尘、水滴等；②找到短路处清理干净或吹干；加强绝缘
显示仪表指示无穷大	①热电阻或引出线断路；②接线端子松开	①更换热电阻；②拧紧接线螺丝
阻值随温度关系有变化	热电阻丝材料受腐蚀变质	更换热电阻
仪表指示负值	①仪表与热电阻接线有错；②热电阻有短路现象	①改正接线；②找出短路处，加强绝缘

第十节　调压站（柜、橇、箱）操作、维护、检修规程

一、调压站（柜、橇、箱）的操作规程

1. 调压站（柜、橇、箱）标准

调压站（柜、橇、箱）必须按照设计施工图和有关标准、规范进行施工和验收，未经验收和验收不合格的调压站（柜、橇、箱）不得投入运行。

2. 运行和维护

所有经过验收合格、投入运行的调压站（柜、橇、箱）均应达到要求，并定期进行维护保养。

3. 注意事项

平日在调压站（柜、橇、箱）的操作中，应注意下述事项，以保证调压器的正常使用和减少故障：

①切忌快速开启阀门，猛开阀门极易损坏调压站（柜、橇、箱）内设备；

②切忌向出口管道充入过高压力，否则会损坏调压站（柜、橇、箱）内部零件。

4. 投运调压器

①确认调压站（柜、橇、箱）的进、出口阀门已关闭；

②缓慢开启进口阀门，并观察进站压力表和出站压力表是否在允许的压力范围内，为避免出口压力表在冲气时超量程损坏，可先关闭压力表下针型阀，待压力稳定后再充分开启；

③打开调压站（柜、橇、箱）后直管上的测压嘴，检查调压器的运行是否正常，放气时因流量过小，出口压力表可能有微小的波动，待出口阀门打开后会自动消除；

④当进出口压力正常后，可缓慢开启出口阀门，并精确调节调压站（柜、橇、箱）的出口压力。

5. 调压站（柜、橇、箱）切断阀的复位操作

切断阀或附加在调压站（柜、橇、箱）上的切断器在执行了切断动作后须人工进行复位操作。

①在进行复位操作前应查明切断的原因，是管网压力冲击还是调压器故障，调压器和阀门关闭过快也会造成调压器后管线压力升高使切断阀启动；

②排除故障后方可进行复位操作；

③在进行切断阀的复位操作时，必须关闭调压器的进、出口阀门及出口端压力表下的针型阀；

④在转动人工复位手柄时注意，刚开始转动时要缓慢，此时会感觉管内有一小股气流通过并随即停止［如这小股气流不能停止，可能是调压器故障或调压站（柜、橇、箱）的出口阀门还未关严］；

⑤连续转动切断阀手柄复位上扣；

⑥缓慢开启进口阀门，观察出口压力，正常后开启出口阀门。

6. 调压设备调试

①设定压力应遵循由高到低的原则，按步骤一项一项进行，即切断压力—放散压力—工作压力，不可操之过急；

②压力设定后，需检测其关闭压力，验证其性能是否达到要求值；

③压力设定符合要求后方可开启出口阀门，在此之前不得打开出口阀门，以防意外发生；

④调试过程中，严禁烟火，防止静电产生，禁止碰撞、敲击管道及设备；

⑤阀门开启应缓慢，不得猛开猛关；

⑥精密仪表应注意保护，以防压力波动大，损坏仪表；

⑦在"1+1"调压设备调试中，若需不间断供气，应先通过旁路手动控制压力，一手控制压力调节阀，一手持压力表，时刻观察压力变化，使出口压力维持在所需压力范围内，待调压器压力设定完成后，缓慢打开调压器出口阀门，在调压器正常供气后，再关闭旁路各阀门；

⑧若调压器采用"2+0"一开一闭式，两路均需调试，开启一路，关闭一路（备用），备用路中应将进出口阀门间气压泄去，以免调压器皮膜和弹簧受压，造成疲劳；

⑨若调压器采用两路自动切换供气，需按主、副路设定压力参数，然后两路进出口阀门保持全开状态，自动切换对调压器性能要求较高，一般稳压精度（AC）≤2.5%，关闭精度≤12为宜。

7. 调压站（柜、橇、箱）主路和副路的压力设定及切换方法

①压力设定：调压站（柜、橇、箱）出厂时，副路调压器的出口工作压力设定为主路调压器出口工作压力的 0.10 倍，副路切断阀的启动压力设定值高于主路切断阀的启动压力。

a. 调压器出口工作压力≤3 kPa 时，副路切断阀启动压力为主路切断阀启动压力的 1.1 倍，且不大于 4.5 kPa；

b. 0.003 MPa＜调压器出口工作压力≤0.2 MPa 时，副路切断阀启动压力为主路切断阀启动压力的 1.1 倍；

c. 0.2 MPa＜调压器出口工作压力≤0.25 MPa 时，副路切断阀启动压力为主路切断阀压力的 1.05 倍。

②切断方法：调压站（柜、橇、箱）在运行或检修过程中，有时需要进行各主路和副路的人工切换，即将主路关闭而使用做备用的副路供气，或将正在供气的副路恢复为备用，由主路正常供气。

a. 主路切换为副路供气。缓慢关闭主路进口阀门，随主路调压器出口压力下降至副路调压器的启动压力，副路调压器自动开启，再缓慢关闭主路出口阀门，副路正常工作后，可按需要将其出口压力调至主路调压器出口压力设定值以满足压力参数要求。

b. 副路切换为主路供气。首先将副路调压器出口压力降至原调压器的出口压力设定值，开启主路切断阀，再缓慢开启进口阀门向主路充气，待出口压力稳定后，调整并检查主路出口压力，设定值符合要求后，缓慢开启主路出口阀门，随着主路出口压力升高至副路调压器的关闭压力，副路调压器则自动关闭。

8. 调压站（柜、橇、箱）在解体维修后的气密性检查

①试验介质：氮气或该调压柜的工作介质；

②试验压力：调压器前为最大进口工作压力的 1.05 倍，若在运行中进行调试，则为进口工作压力，调压器后为超压切断压力的 1.05 倍；

③试验方法：

a. 关闭切断阀及出口端阀门，向调压器前管路缓慢充气，保压30 min，检查进出口管道的压力，若调压器前管路压力下降则有外漏，可用皂液查出漏点，若调压器后管路压力升高，则切断阀关闭不严。

b. 合格后，开启切断阀，随着气体流向调压器后管路，调压器自动关闭，压力稳定后检查下游管道压力，保压 30 min，压力值应稳定不变，若压力上升，则说明调压器关闭不严，若压力下降，则说明有

外漏。

9. 调压器出口压力设定值检查

①关闭出口阀门及旁通阀门、放散阀门，开启切断阀，缓慢开启进口阀门，待进口压力稳定后，略开测压阀门，使管道中有一小流量通过，缓慢关闭测流阀门，观察出口压力表，其读数应为出口压力设定值的 1.1～1.25 倍，在负荷运行时，再准确检查调压器出口压力。

②调压器的出口工作压力与设定值不符，应缓慢旋动调节螺栓调整调节弹簧，直至出口压力为调压器设定压力的 1.1～1.15 倍，（关闭压力）待负荷运行时再精确调整调压器出口压力。

10. 切断阀启动压力设定值检查

方法 1：关闭出口阀门、旁通阀门，开启切断阀，缓慢开启进口阀门，待进口压力稳定后，再从测压阀门处向出口端缓慢加压，直至切断阀启动，检查此时压力表读数是否与设定值相符，应重复检查三遍；

方法 2：关闭进、出口阀门，开启切断阀，从测压阀门处向出口端加压，使出口压力缓慢升高，直至切断阀启动，检查此时压力表示值是否与设定值相符，应重复检查三遍。

若要调整切断阀启动压力，应缓慢调节切断压力设定弹簧至要求的设定值，并保持弹簧压缩量不变，缓慢升压至切断阀启动，重复操作三遍，检查切断压力是否与所需的设定值相符。

11. 放散阀启动压力设定值检查

①关闭放散管前球阀，从放散管测压阀门处向放散管加压，使压力缓慢升高，直至有气体从放散口排出，检查此时压力表读数是否与

设定值相符，应重复检查三遍。

②若要调整放散阀启动压力，应缓慢调整放散压力弹定弹簧至设定的要求，并保持弹簧压缩量不变，缓慢升压至放散阀启动，重复操作三遍检查放散压力是否与所需要的设定值相符。

12. 若调压器的出口设定值已经过调整，则调压器的切断阀启动

压力和放散阀启动压力都必须随之调整，以使工况匹配，但任何调整，均应在调压器的允许工况之内。

二、调压站（柜、橇、箱）的维护保养规程

①用检漏液或报警仪检查调压设施各连接点有无外漏气现象；

②清洁调压站（柜、橇、箱）卫生；

③听调压设施有无异常声响；

④检查各元件引压管连接是否牢固，检查各级调压是否符合实际要求；

⑤检查调压站（柜、橇、箱）有无外力损坏，对外观油漆涂层及时进行除锈补漆；

⑥每季度对备用切断阀进行关断试验，检查切断后的严密性；

⑦每季度检查调压器与阀之间的压力：缓慢关闭调压器下游阀门，检查调压器与阀之间管线内压力，此时出口压力会稍有增加，然后即趋稳定，若出口压力持续增加，则证明调压器阀口未能关闭，若出口压力迅速且危险地升高，则表示阀口严重损耗，应立即关闭调压器上游阀，对调压器进行常规维修；

⑧冬季运行时，密切关注伴热带的温度是否符合要求；

⑨由专业人员定期检查调压器、切断阀内关键零件阀口密封件、

薄膜、O 形圈的磨损及变形情况，必要时更换以保证安全供气；

⑩调压设备维修拆卸前必须关闭上下游阀门并泄压，维修组装后检查各活动部件能否灵活运动，再进行严密性试验、调压器关闭压力检查、设定值检查，合格后才能重新使用，做好维修记录。

三、调压站（柜、橇、箱）的排污操作

1. 汇管的排污

①周期：每两周对汇管进行一次排污，运行初期可适当增大对汇管的排污频率和延长排污时间；

②先缓慢打开排污球阀，当听到气流声后，停止开阀，直到气流声消失，再全开排污球阀；

③缓慢打开阀套式排污阀，当听到气流声后，保持该阀位排污 30~60 s；

④关闭阀套式排污阀，停止排污；

⑤关闭排污球阀；

⑥略开阀套式排污阀，放空管段内空气，再关闭该阀门。

2. 球阀的排污

①周期：每三个月进行一次排污；

②确认球阀是否处于全开或全关状态；

③用扳手将球阀排污阀缓慢打开；

④保持该阀位进行排污（保持球阀处于全开位或全关位）；

⑤直至球阀腔体内气体全部排出；

⑥当排污完成后，关闭球阀排污阀。

3. 注意事项

①排污操作应至少两名员工一起完成，其中一人操作，一人监护；

②球阀排污时，排污方向不能站人；

③排污时人员必须现场监控，不得擅自离开；

④排污完毕，检查排污阀门是否完全关闭。

第十一节　火炬系统操作规程

一、目的

为了规范场站火炬点火作业，保证点火作业安全而制定本规程。

二、工艺流程操作人员应具备的必要条件

①应具备一定的输气工艺相关知识并熟悉本站工艺流程。

②必须熟悉相关设备的操作规程。

③必须持有压力容器操作许可证。

三、工艺流程操作人员职责

①操作前负责对工艺系统（包括工艺设备运行状态、介质流向、阀号等）进行检查确认并进行作业安全分析。

②负责组织工艺流程操作。

③在工艺流程操作过程中加强监护和巡检。

④操作完毕后负责确认工艺流程状态。

四、操作内容

1. 远程遥控高空点火

①在站控室确认远程控制柜电源已开启并将点火方式打到远程位置；

②检查工艺区自用气橇传火管手动球阀是否已经打开；

③在控制柜上按下 1 号电磁阀按钮（该按钮具有开关两种指示状态）；

④在控制柜上按下高空点火开关，按下点火开关持续时间不能超过 10 s；

⑤观察高空点火火检 1 号、2 号温度指示是否有明显上升，否则继续按高空点火开关及检查现场阀门状态；

⑥打开现场放空阀，火焰建立，根据工艺要求掌握放空阀开度，控制火焰大小；

⑦再次按下 1 号电磁阀按钮，复位关闭 1 号电磁阀；

⑧关闭现场自用气橇传火管手动球阀。

2. 远程遥控传火管点火

①在站控室确认控制柜电源已开启并将点火方式打到远程位置；

②检查工艺区自用气橇传火管手动球阀是否已经打开；

③在控制盘上按下 2 号电磁阀开关；

④在控制盘上按下外传燃点火开关，每次按下点火开关持续时间不能超过 10 s；

⑤在控制盘上按下 3 号电磁阀开关；

⑥观察外传燃火检温度指示是否有明显上升，否则继续按外传燃点火开关按钮及检查现场阀门状态；

⑦打开现场放空阀，火焰建立，根据工艺要求掌握放空阀开度，

控制火焰大小；

⑧再次按下 2 号、3 号电磁阀按钮，复位关闭 2 号、3 号电磁阀；

⑨关闭现场自用气橇传火管手动球阀。

3. 就地高空点火

①在站控室的远程控制柜上将点火方式调到就地状态；

②检查工艺区自用气橇传火管手动球阀是否已经打开；

③在现场控制盘上按下 1 号电磁阀按钮（该按钮具有开关两个指示状态）；

④在现场按下高空点火开关，每次按下点火开关持续时间不能超过 10 s；

⑤通过观察引火筒火检 1 号、2 号指示灯判断火焰建立情况，否则继续按下高空点火开关及检查现场阀门状态；

⑥打开现场放空阀，火焰建立，根据工艺要求掌握放空阀开度，控制火焰大小；

⑦旋转复位 1 号电磁阀按钮，关闭 1 号电磁阀；

⑧关闭现场自用气橇传火管手动球阀。

4. 就地传火管点火

①在站控室控制盘上将点火方式调到就地状态；

②检查工艺区自用气橇传火管手动球阀是否已经打开；

③在现场控制盘上按下 2 号电磁阀开关（该按钮具有开关两个指示状态）；

④在现场控制盘上按下外传燃点火开关；

⑤在现场控制盘上按下 3 号电磁阀开关；

⑥通过观察外传燃火检指示灯判断火焰建立情况，否则继续按下外传燃点火开关及检查现场阀门状态；

⑦打开现场放空阀，火焰建立，根据工艺要求掌握放空阀开度，控制火焰大小；

⑧旋转复位2号、3号电磁阀按钮，关闭2号、3号电磁阀；

⑨关闭现场自用气橇传火管手动球阀。

5. 流程操作中应巡回检查的主要内容

①应对操作管段上下游压力、压力变化速率等有关参数进行监视，确保控制在合理范围之内。

②应加强现场的可燃气体检测，如发现泄漏，立即启动相应的应急预案。

③应加强对工艺管线与设备振动与噪声的监测，如发现异常须及时调整阀门开度，使其控制在合理范围之内。

④放空管周围50 m范围内不得有车辆和行人。

⑤100 m（顺风方向200 m）范围内不得有明火。

6. 应急处置程序

按各站应急处理程序处理应急事件。

第十二节　可燃气体报警装置操作规程

一、可燃气体报警装置的安装规范

①可燃气体报警器应安装在仪表室等非防爆场所，严禁安装在防爆场所；

②可燃气体报警器无论采用何种安装方式，应确保固定牢靠，避免振动、进入灰尘和水，环境应符合仪器说明书要求；

③可燃气体报警器应采用相对洁净的电源，避免与大型电气设备使用同路电源；

④可燃气体报警器应外壳接地或电源插头的地线接地；

⑤可燃气体报警器的外壳严禁破坏，否则会影响屏蔽效果；

⑥可燃气体探测器选点应在阀门、管道接口、出气口或易泄漏处附近方圆 1 m 的范围内，尽可能靠近，但不要影响其他设备操作，同时尽量避免高温、高湿环境；

⑦可燃气体探测器用于大面积气体检测时可采用 $10\sim12\ m^2$ 一个探头的方法布置，也可达到检测报警效果；

⑧可燃气体探测器安装方式可采用房顶吊装、墙壁安装或抱管安装，应确保安装牢固可靠，同时应考虑便于维护、标定；

⑨可燃气体探测器安装高度：检测氢气、天然气、城市煤气等比重小于空气的气体时，在距屋顶 1 m 左右处安装；检测液化石油气等比重大于空气的气体时，在距地面 $1.5\sim2\ m$ 处安装；

⑩可燃气体探测器布线应采用三芯屏蔽电缆，单根线径大于 $1\ mm^2$，接线时屏蔽层必须接地；

⑪可燃气体探测器现场走线应穿管，所用管子应符合消防要求，管子应与探头连接，以达到消防要求；

⑫可燃气体探测器安装时应使传感器朝下固定。

二、气体报警控制系统的操作规程

1. 检查设备状态

①检查气体报警控制器是否洁净无污物；

②检查点型气体检测探头防爆密封件和紧固件是否完好；

③检查点型气体检测探头探测器是否无堵塞；

④检查点型气体检测探头是否在检定有效期内。

2. 开机操作

①用钥匙打开控制器机箱，打开备电开关，打开主电开关。

②把控制器箱关上，此时，系统上的各功能处于自检状态，指示灯处于闪烁状态，探测器处于预热初始化状态。

③控制器功能键操作（设置密码）。

时间设置。按下"确定/菜单"键，光标选中"设置"项，再按下"确定/菜单"键进入"设置"子菜单项，光标选中"时间"项，输入Ⅱ级密码，再按下"确定/菜单"键，使用"左/查询"或"右/锁屏"键，左右移动光标，选中需要改正的项，再按"上"或"下"键改变数值，当所有设置正确后，按"确定/菜单"键保存当前设置。

调零点。用来设置探测器浓度的零点参考值；建议用户不要随便操作此键，进入此功能时，需要输入Ⅲ级密码。

设置低报值［10%～25%爆炸下限（LEL）］。进入该菜单项，与时间设置相似，可以参照时间设置操作方法。在这里输入低报警设定值；出厂时设定为15%LEL。如果用户设置的值不在10%～25%LEL范围内则故障灯亮，并带有声音提示，并且显示"请重新设置低报值"。进入此功能，需要输入Ⅱ级密码。

设置高报值（50%LEL）。进入该菜单项，与低报值设置相似。在这里输入高报警设定值；出厂时设定为50%LEL。如果用户设置的值不在25%～50%LEL范围内则故障灯亮，并带有声音提示，并且显示"请重新设置高报值"。进入此功能，需要输入Ⅱ级密码。

查询报警记录。本系统能存储0～999报警信息（包括低报、高报），按照报警信息的发生时间依序存放在本区内，通过"左/查询"或"右/锁屏"键，可以查阅所有的报警情况，包括报警总数、报警类型、发生的地址、发生的时间和日期。在每一次报警的第一个记录里还会显示首报，查阅结束后，按"取消"键退出本菜单。

查询故障记录。本系统能存储 0～199 故障信息，按照故障报警信息的发生时间依序存放在本区内，通过"左/查询"或"右/锁屏"键，可以查阅所有的故障报警情况，包括故障报警的总数、故障报警的类型、发生的地址、发生的时间和日期。

若气体检测有数值显示，应持可燃气体检测仪至现场进行检测，确认无燃气浓度后对可燃气体报警控制器进行清零复位。点型气体检测探头必须经有资质部门进行检定后才可投运。复位密码为 1111。

④状态检查。

a. 检查气体报警控制器与现场气体检测探头是否均正常工作；

b. 对报警控制器进行自检，报警功能正常，加强巡检，发现异常及时汇报处理；

c. 查询控制器内历史记录，有无报警或故障记录。

三、可燃气体报警装置的维护规程

①检测元件与补偿元件的使用寿命，通常为 3～5 年，在使用条件合理和维护得当的条件下，可延长其使用寿命。

②对于有试验按钮的报警器，每周应按动一次试验按钮，检查报警系统是否正常。每 2 个月应检查标定一次报警器的零点和量程。

③应经常检查检测器有无意外进水。在仪表检测时，检测器透气罩应取下清洗，防止堵塞。

④检测器为隔爆型防爆设备，不得在超出规定范围外使用。检测器不得在含硫的场合使用。检测器应尽量在可燃气体浓度低于爆炸下限的条件下使用，否则，有可能烧坏元件。

⑤热线型半导体式检测器不得在缺氧的条件下使用，不要用大量的可燃气直冲探头。

第十三节　压力管道和压力容器壁厚检测作业规程

一、编制目的

本规程的编制目的是规范管道场站和阀室内管线和压力容器的壁厚检测工作，明确检测内容和检测方法，以达到对管线和压力容器的腐蚀情况进行定期监测的目的，为维修和维护提供判断依据，从而确保其安全运行。

二、适用范围

适用范围包括燃气管道场站和阀室内的所有管线和压力容器的壁厚检测。其中，埋地管线和带保温层的地上管线的标识方法参考本作业指导书的地上管线标识方法执行。

三、检测内容

1. 外部检测内容

①压力容器的本体、接口部位、焊接接头等的裂纹、过热、变形、泄漏等；

②外表面是否腐蚀；

③保温层破损、脱落、潮湿、跑冷；

④检漏孔、信号孔的漏液、漏气、疏通检漏管；

⑤压力容器与相邻管道或构件的异常振动、响声，相互摩擦；

⑥进行安全附件检查；

⑦支承或支座的损坏，基础下沉、倾斜、开裂，紧固螺栓的完好情况；

⑧排放（疏水、排污）装置；

⑨运行情况；

⑩安全状况等级为 4 级的压力容器监控情况。

2. 结构检测

①筒体与封头的连接；

②方形孔、人孔、检查孔及其补强；

③角接；

④搭接；

⑤布置不合理的焊缝；

⑥封头（端盖）；

⑦支座或支承；

⑧法兰；

⑨排污口。

3. 几何尺寸

参照原始资料，检验员可结合下列内容检查，并作记录：

①纵、环焊缝对口错边量、棱角度；

②焊缝余高、角焊缝的焊缝厚度和焊角尺寸；

③同一断面上最大直径与最小直径；

④封头表面凹凸量、直边高度和纵向皱褶；

⑤不等厚板（锻）件对接接头未进行削薄过度的超差情况；

⑥布置不合理的焊缝；

⑦直立压力容器和球形压力容器支柱的铅垂度；

⑧绕带式压力容器相邻钢带间隙。

凡是已进行几何尺寸检查的，一般不再重复检查，对在运行中可能发生变化的，应重点复核。

4. 表面缺陷

（1）腐蚀与机械损伤

测定其深度、直径、长度及其分布，并标图记录。对非正常的腐蚀，应查明原因。

（2）表面裂纹

1）内表面的焊缝（包括近缝区），应以肉眼或 5～10 倍放大镜检查裂纹。

有下列情况之一的，应进行不小于焊缝长度 20% 的表面探伤检查：

①材料强度级别 $\sigma_b > 540$ MPa 的、Cr-Mo 钢制的；

②有奥氏体不锈钢堆焊层的；

③介质有应力腐蚀倾向的；

④其他有怀疑的焊缝。

如发现裂纹，检验员应根据可能存在的潜在缺陷，确定增加表面探伤的百分比；如仍发现裂纹，则应进行全部焊缝的表面探伤检查。同时要进一步检查外表面的焊缝可能存在的裂纹缺陷。内表面的焊缝已有裂纹的部位，对其相应外表面的焊缝应进行抽查。

2）对应力集中部位、变形部位、异种钢焊接部位、补焊区、工卡具焊迹、电弧损伤处和易产生裂纹部位，应重点检查。

3）有晶间腐蚀倾向的，可采用金相检验或锤击检查的方式。锤击检查时，用 0.5～1.0 kg 重的手锤，敲击焊缝两侧或其他部位。

4）对于绕带式压力容器的钢带始、末端焊接接头，应进行表面裂纹检查。

（3）焊缝咬边检查

对焊接敏感性材料，还应注意检查可能发生的焊接裂纹。

（4）变形及变形尺寸测定

测定可能伴生的其他缺陷，以及进行变形原因分析。

5. 壁厚测定

场站和阀室内各种口径的压力管道的关键部位的外观检查及壁厚测量测定位置应有代表性，并有足够的测定点数。测定后应标图记录。测定点的位置，一般应选择下列部位：

①外观产生明显腐蚀的部位；

②运行的露天管线弯头背部；

③三通背部及拐角处；

④变径大小头处；

⑤管线低洼易积液段落；

⑥其他易受严重冲刷的部位；

⑦压力容器中易积水、积污等易腐蚀或易受冲刷的部位。

利用超声波测厚仪测定壁厚时，如遇母材存在夹层缺陷，应增加测定点或用超声波探伤仪，查明夹层分布情况，以及与母材表面的倾斜度。测定临氢介质的压力容器壁厚时，如发现壁厚"增值"，应考虑氢腐蚀的可能性。

四、检测设备和方法

1. 检测设备

目前场站压力容器一般采用超声波测厚仪进行压力壁厚检测。超声波测厚仪主要由主机和探头两部分组成，主机电路包括发射电路、接收电路、计数显示电路三部分，由发射电路产生的高压冲击波激励探头，产生超声发射脉冲波，脉冲波经介质镜面反射后被接收电路接收，通过单片机计数处理后，经液晶显示器显示厚度数值，它主要根据声波在试样中的传播速度乘以通过试样的时间的 1/2 而得到试样的厚度。

使用超声波测厚仪时，平面调零测平面，凸面调零测凸面，凹面调零测凹面，避免因结构不同而产生测量误差；尽量使用被测材料作为调零基体，避免因不同材料的导磁性不同，而出现测量误差；尽量在被测材料的同一部位调零后，再测相同部位。例如，在工件边缘和中间部位应分别调零；作调零用的表面，要尽量光滑；被测材料表面的粗糙度对测量数值影响很大，假如表面不光滑，应视情况取平均值；测量时，探头要保持与被测料面垂直，否则会产生较大误差。超声波在遇到空气时会急剧衰减，为了排出超声波探头和工件之间的空气，采用超声波耦合剂去除。在工厂测量比较光滑的工件表面时采用一般机油或其他无腐蚀的液体即可，比较粗糙的表面可采用比较黏稠的黄油，测量完毕一定要把探头表面及标准块表面耦合剂擦掉。在同一点重复测量时，每次将探头离开 10 cm 以上，间隔几秒钟后再测，避免被测材料因探头磁化后，影响下次测量结果。

在操作时应该正确使用耦合剂。首先，根据使用情况选择合适的种类，当使用在光滑材料表面时，应使用低黏度的耦合剂；当使用在粗糙表面、垂直表面时，应使用黏度高的耦合剂。高温工件应选用高温耦合剂。其次，耦合剂应适量使用，涂抹均匀，一般应将耦合剂涂在被测材料的表面，但当测量温度较高时，耦合剂应涂在探头上。

2. 检测方法

（1）单点测量法

①测量原理：通过超声波脉冲由被测体底面反射回来的往返时

间，计算厚度。

②测量步骤：在被测体上任一点，利用探头测量，显示值即为厚度值。

（2）多点测量法

①测量原理：基于单点测量原理，多次测量，以求减小误差。

②测量步骤：在直径约为 30 mm 的圆内进行多次测量，取最小值为厚度值。

（3）特殊点测量法

①测量原理：在测量体的同一点用探头进行二次测量，在二次测量中，探头的分割面成 90°较小值为厚度值。

②测量步骤：探头分割面可分别沿管材的轴线或垂直管材的轴线测量。若管径较大时，测量应在垂直轴线的方向；管径小时，应在两个方向测量，取其中最小值为厚度值。

对于具体腐蚀点采用单点测量法进行测量；对于压力管道的检测和特殊点检测一律采用多点测量法进行测量，每一测量点测量数据不少于 3 个。

3. 检测周期

每一个检测点正常的检测周期为 1 年。对已经发生腐蚀的检测点，检测周期需加密，至少每半年一次，很多企业都规定一个季度检测一次。

第十四节　管网及设备设施泄漏检测作业规程

一、总则

为了规范场站燃气管线及设备设施的泄漏检测工作，提高泄漏检测管理质量，确保场站的安全平稳运行，制定本作业规程；本规程规范日常泄漏检测管理的内容及要求，适用于场站的燃气管线及设备设施的日常泄漏检测管理。

二、泄漏检测原则、周期

泄漏检测遵循"全覆盖"与"重点突出"的原则。全覆盖原则是指泄漏检测要覆盖场站的所有燃气管线及其设备设施。重点突出原则是指对不同级别的管线和阀门及法兰，其泄漏检测周期应有所不同，确保管网的整体状况处于有效监测范围内。

根据管线材质、压力等级、防腐材料、使用年限、泄漏（腐蚀）状况、在输配系统中的位置与作用以及燃气管线安全评估等情况，将管线划分成不同的安全风险等级，并确定各等级管线的泄漏检测周期。在特殊时间或地点，管线泄漏检测周期可临时适当缩短，以加强对管线的监控。

对于安全风险等级最低的管线，其泄漏检测周期应满足下列要求：

①高压、次高压管线每年不少于一次；低压钢质管线、聚乙烯塑料管线或设有阴极保护的中压钢质管线，每 2 年不少于一次；未设有阴极保护的中压钢质管线，每年不少于一次；铸铁管线和被违章占压的管线，每年不少于两次。

②新通气管线在 24 h 内检查一次，并在一周内进行复测。

管线泄漏检测一般在白天进行，尽量避开夏季每日最高气温时段，但根据临时需要，也可安排在夜间进行。

三、泄漏检测范围

应在下列地方进行管线泄漏检测（管线附近出现异常情况的，检测范围适当扩大)：

①检测带气管线两侧 5 m 范围内所有污水井、雨水井及其他窨井、地下空间等建构筑物是否有燃气浓度；

②检测带气管线两侧 5 m 范围内地面裂口、裂纹是否有燃气浓度；

③检测管线沿线的阀井、凝水井、阴极保护井、套管的探测口等是否有燃气浓度；

④除上述地方外，对一般管线，在硬质地面上沿管线走向方向 25 m、带气管线两侧 5 m 范围内没有污水井、雨水井、阀井、地面裂口等有效检测点的，应沿管线走向方向间隔不大于 25 m 设置一个检测孔，检测是否有燃气浓度；对风险等级最低的管线可不大于 50 m 设置一个检测孔检测点，检测是否有燃气浓度。

检测孔应满足下列要求：

①设置检测孔的位置时应尽量避开其他管线设施密集的区域；

②当管线埋深大于 0.5 m 时，检测孔的位置应设置在管线的正上方，检测孔的孔底与燃气管线顶部的垂直净距应在 0.2 m 以上；

③当管线埋深小于 0.5 m 时，检测孔的位置应设置在管线外壁两侧 0.2～0.4 m，且均匀分布在管线两侧，打孔深度不能超过管线埋深；

④对于硬质道路上的检测孔，宜采取措施保证检测孔不被堵塞，便于下次检测，建议检测孔在设计施工时根据相关需要进行设置；

⑤列入隐患监控的区域、建筑物、构筑物、密闭空间，打探坑或对附近的井室进行泄漏性测量；

⑥泄漏检测作业时如遇有人反映某处有燃气味，应对该处埋地管线扩大检测范围，特别是加强对周围密闭空间的检测，直至查清原因；

⑦庭院燃气管线还应检测引入管的各接口及其出入地连接处。

四、泄漏检测工作要求

泄漏检测工作宜两人一组进行，并应穿戴反光衣等必备劳保防护用品，要走到位、检查看到位、仪器检测到位、记录到位。进行检测作业时应注意人身安全防护。

泄漏检测应做到定时、定线、定量、定速、定责。

①定时：在规定时段内完成规定的任务；

②定线：按照计划路线完成泄漏检测；

③定量：按照既定计划，完成当天的泄漏检测任务；

④定速：人工徒步推车式检漏时，移动速度不能超过 1 m/s；

⑤定责：泄漏检测员对泄漏检测质量负责。

五、泄漏检测实施

泄漏检测工作必须使用集团公司可燃气体检测设备采购目录内的产品，应每年检定一次。户外检测应采用泵吸式检测设备或激光遥距检测仪。

泄漏检测应按照计划实施，泄漏检测人员在泄漏检测前，应检查工具、图纸、报表、记录表格表单等是否齐全完整，检查泄漏检测仪器是否有效、灵敏。

泄漏检测人员应按计划开展检测工作，按要求填写检漏记录、报表。

检测到燃气浓度小于 5%LEL 时，应根据现场实际情况适当缩小检测孔间距，在浓度较高的检测孔的两侧重新打孔检测，确定浓度最高的地方并做好标记。例如疑似泄漏点邻近建筑，应对与建筑之间的电力、电缆、污雨水等管沟、井部位进行检测，包括可能与其连通的建筑内部，如配电室、卫生间等。如确认燃气飘至室内，应立即疏散室内人员，熄灭火源、切断电源，保持良好通风，并上报请求抢险支援。

发现检测点及管线周围地下空间或建构筑物内燃气浓度在爆炸极限下限以上，或者发现燃气管线破损、断裂，燃气泄漏到地下空间或建构筑物内时，泄漏检测人员视情况应立即划定警戒范围，打开建构筑物门窗，应打开泄漏点周边的地下空间（电力、电缆、污雨水井等）井盖，告知周围群众熄灭火源，视情况可关闭相关控制阀门，做好现场安全监护，紧急情况时拨打"119""110"等请求有关部门协助；等待抢修人员到现场交接清楚后方可离开。其他情况下，泄漏检测人员可在立即上报并做好了现场发现泄漏点位置标识的情况下离开现场。

对泄漏检测人员上报的泄漏信息，应及时组织人员进一步排查，对确认的泄漏点应及时进行抢险抢修，在维修之前，做好现场安全监控工作。

泄漏检测过程中发现有施工情况，泄漏检测人员应及时向主管或部门负责人汇报并做好记录，主管或部门负责人应及时安排人员到现场处置；发现违章占压或者其他隐患时，泄漏检测人员应做好记录和上报工作，主管部门应适时派人核实与处置。

泄漏检测部门应每天汇总、统计泄漏检测人员的记录、报表等，形成检漏日志并适时更新隐患管理台账，主管或负责人需审核日志，并视情况修订、调整泄漏检测计划。

每季度对漏点信息进行统计、分析，掌握燃气管线及附属设施的动态变化状况，采取相应的管控措施，防止事故发生。

六、泄漏检测工作检查、考核

①泄漏检测主管（负责人）每月至少组织一次对泄漏检测人员进

行泄漏检测质量的检查与考核，并有考核记录和考核结果。

②泄漏检测上级主管部门每季度至少组织一次对泄漏检测工作进行考核，并有考核记录和考核结果。

③考核结果应纳入对部门、员工的绩效考核之中，与收入挂钩，定期兑现。

七、制度、流程与资料管理

开展泄漏检测工作，应配套建立下列制度、流程：《燃气管网泄漏检测周期规定》《泄漏检测作业管理流程》《泄漏检测作业指导书》《泄漏检测人员考核办法》等。

此项工作至少应产生下列资料、记录、表格、表单："燃气管线泄漏检测工作计划""泄漏检测现场记录""泄漏检测日志""隐患管理台账""泄漏检测人员考核记录""泄漏检测定期统计分析报告"。

泄漏检测记录、报表、日志、台账等共同形成泄漏检测管理档案，资料应定期归档，妥善保存。

隐患未整改前，隐患管理资料长期保存；隐患彻底整改后，其资料保存期不得小于 2 年；其余各种记录、报表、台账等档案资料保存期限不得小于 2 年。

第四章

------▼------

燃气输配场站日常管理

　　天然气在民生工程中被广泛使用，由于天然气的易燃易爆性，为了确保储配站的安全运行，我们必须掌握天然气输配的基本知识，加强输配场站各环节的管理，充分体现管理就是效益的原则，使输配场站实现安、稳、长、满、优运行。管理干部须有"管事先管人，管人先管思想"的意识，从思想意识方面进行培训，在燃气行业建立学习型组织，深入推进燃气"五化"（制度化、职业化、信息化、精细化、标准化）建设，打造卓越燃气行业（企业）团队；燃气行业必须坚持"安全是基础，效益是中心"行业理念，燃气行业人员熟知以下管理四大方针：

　　安全管理方针：辨识危害、规范行为、消除隐患、四不放过。

　　环保管理方针：梯级利用、清污分流、末端治理、循环使用。

　　生产管理方针：管生产就是管工艺指标。

　　设备管理方针：控制入口、维护保养、计划检修、规范行为。

　　输气输配场站基础管理工作如下：场站管理工作标准化、规范化；完善基础管理制度，做到有章可循，按章办事；以人为本，苦练岗位内功；完善生产管理的考核、监督机制；落实预防和纠正措施；夯实四项基础管理；加强燃气企业文化的培育和形成。

第一节 输配场站管理标准

场站管理工作是一项具体的工作，基础管理就是要对这些具体工作制定出衡量的标准，制定出指导开展具体工作的行为规范和操作手册，这样我们的基础工作才能不走样，不变调。工作标准、规范是场站自觉履行岗位职责的航标，没有标准，现场管理就失去了方向。在工作标准、规范面前人人平等，不允许有差别。有了标准、规范，员工的工作就自觉地向标准看齐、向规范靠拢，实现记录报表标准化、操作方法标准化、巡回检查标准化、检查考核标准化、管理体系标准化、工作流程标准化、设备维护保养规范化、行为语言标准化等内容。

一、人员行为规范标准

1. 场站站长工作标准

（1）岗位人员资格要求

1）学历要求：大专及以上。

2）身体条件：身体健康，能够满足该岗位的工作要求。

3）专业知识：具有较全面的燃气基础知识、燃气安全管理、燃气输配知识、燃气设备管理知识，熟悉燃气法律法规及相关安全政策与法规，熟知天然气场站工艺与设备、自控系统、计量仪表操作及维护管理方法。

4）专业经验：具备燃气输配工艺及设备、电气化仪表、电化学、材料学、土建工程施工专业知识；安全管理、消防管理相关经验，3年燃气输配及 2 年燃气场站工作经验。

5）专业资格：助理工程师及以上。

6）专业技能：

①能够编制管辖范围内的管理制度、技术标准、工作流程和相关的各类报表。

②熟知本站生产工艺流程、关键控制点。

③能够准确判断场站设施是否处于正常运行状态，能够发现事故隐患，能够对突发故障采取及时有效的措施，避免事故扩大及产生次生灾害。

④具有较强的沟通技巧和分析能力，优秀的语言、文字表达能力，一定的领导能力、组织能力、观察力、应变力、人际沟通与协调能力；诚信、阳光、自信、责任感强，具有出色的团队建设能力。

（2）工作内容及要求

1）负责场站的全面管理工作。

①监督检查场站人员出勤情况，如实填报考勤并及时上报，按规定权限批准职工休假。

②督促、检查、考核场站人员各项工作，每月做好员工的绩效考核并及时上报。

③定期召开场站例会，传达上级精神，安排各项工作计划，并检查完成情况。

④督促场站人员做好责任范围内设备保养和卫生区清洁工作。

⑤按要求组织防火及治安巡视，做好相关记录，严格执行外来人员登记、安全教育的规定。

⑥组织并安排场站人员参加公司开展的各项活动。

⑦负责场站安全用气、用水、用电管理。

⑧负责检查场站员工劳动防护用品使用情况；负责监督、检查场站员工正确使用消防器材、检漏仪、安全帽、安全带等工具情况。

2）负责场站的安全生产管理工作。

①制订各项工作计划，安排设备巡检、维护保养工作，督促各岗位工作顺利完成。

②熟知本场站安全管理制度、安全技术操作规程和巡检规程，并严格进行督促、检查、指导和考核。

③检查交接班记录、巡检报表、运行等报表，督促员工执行交接班制度，并检查核实，发现错误及时纠正，保证各项记录资料填写真实、准确、规范、完整、字迹清晰。

④按照公司制度及要求组织各类培训并做好相关记录。

⑤按照危险作业许可管理要求，落实作业许可证相关规定。

⑥按照巡检管理规定及在重大节假日、重大活动前等对场站进行巡检，发现隐患及时登记，建立隐患台账，按照"三定"（定时间、定责任人、定整改措施）原则制定相应整改措施，并组织整改，在规定期限内将整改情况反馈，如有本站维修权限以外的整改项目应及时上报。

⑦组织推动场站班组安全建设和行为安全观察活动。

3）监督落实场站设施日常维护与一般性保养。

①定期组织检查站内工艺设备、仪器仪表、监控设备、消防设施和供电、供水系统运行情况，发现隐患及时上报。

②组织做好工艺管道及附属设施与供电设备维修、保养和定期对工艺管道进行刷漆防护工作，做好管道、设备的定期放散排污。

③协助相关部门完成场站设备大、中检修计划、技改、隐患整改，并负责分项验收工作；对维修工的站内维修工作进行验收，并签字。

④组织报检计量器具的定期检查和检定，并更新特种设备、计量器具台账。

4）严格执行调度指令。根据调度指令调整场站压力、流量，确保调度指令执行及时准确率达到100%，并填写相关记录。

5）其他工作内容。定期与上游单位核对气量，确保准确无误。按照规定对场站需要的机物料进行上报、验收、储存、使用，做好出入库登记。每月按时上报安全、计量、设备相关报表。完成领导交办的其他工作任务。

2. 场站运行工工作标准

（1）岗位人员资格要求

1）最低学历要求：高中。

2）身体条件：身体健康，能够满足该岗位工作要求。

3）专业知识：掌握燃气基础知识，了解燃气安全、输配、设备相关的基础知识，了解场站生产工艺流程的基础知识。

4）专业经验：经过三级安全教育培训，在站长指导下工作满3个月，能够胜任场站运行工作的任务。

5）没有专业资格的相关要求。

6）专业技能：

①熟知本站生产工艺流程、关键点控制；能够在日常值班及巡检过程中准确判断场站设施是否处于正常运行状态，能够及时发现安全隐患并上报。

②了解场站安全运行参数，熟练使用站内设备、工具、仪器和消防器具，正确使用劳动防护用品。

③能够胜任场站日常值班、巡检、卫生清扫、维护保养工作，能够对场站突发紧急状况及时采取有效应急措施。

（2）工作内容及要求

①严格遵守场站值班制度，落实交接班制度，落实当班每日防火巡查、场站重点部位泄漏检测工作，如实完成场站设备、管道的定时巡检工作，落实相关记录的填写，发现隐患及时上报。

②服从站长工作安排，做好日常燃气设施、机电设备、计量仪表、

加臭设备和供电供水系统的维护和保养工作。

③保持 24 h 值班室有当班人员在岗。

④正确使用各类设备、仪器。

⑤协助站长完成本场站设备大、中检修项目的分项质量验收、技术改造和隐患整改工作。

⑥及时、准确执行调度指令，根据调度指令调整场站压力、流量，确保及时率 100%；监控压力、温度等运行参数，发现异常运行参数及时上报，并规范填写运行记录，按要求上报各类运行数据。

⑦按要求参加场站及上级部门组织的各项活动、演习、学习培训、会议，认真学习公司传达的各项精神、通知和要求。

⑧熟知本场站安全管理制度、安全技术操作规程和巡检规程，严格按照各项设备安全操作规程进行作业；对他人违章作业情况进行劝阻，及时将他人强行违章作业情况上报站长。

⑨落实场站出入登记、配合站长完成外来人员临时安全教育工作。

⑩观察监控系统，按要求进行治安巡逻，落实站区治安巡查工作，发现问题及时上报。

⑪熟练掌握场站各设备、阀门、仪表的功能和作用，发生紧急状况时采取有效可靠应急措施并及时上报站长。

⑫熟知本岗位的职责和工作要求。

3. 场站维修工工作标准

（1）岗位人员资格要求

1）最低学历要求：高中。

2）身体条件：身体健康，能够胜任岗位工作要求。

3）专业知识：掌握燃气基本安全知识、阀门、过滤器、调压器、流量计、加臭设备、电气仪表基本原理和构造。

4）专业经验：具备燃气工艺、设备维护、电气化仪表等相关工作经验。

5）专业资格。

①熟练操作使用各项工具、设备、仪器仪表、劳动防护用品。

②掌握各项设备安全操作规程；熟知阀门、过滤器、调压器、流量计、加臭设备、电气仪表基本原理和构造。

③取得特种设备操作证及 C1 以上驾驶证。

④熟知燃气设施运行管理所涉及的各类燃气规范。

（2）工作内容及要求

①负责场站所有设备维护保养、维修工作；根据工作单的要求按时反馈维修记录、完成维修任务并经场站负责人签字验收。当日未完成维修项目需向场站人员说明。维修完成后清扫场地、垃圾运走、归还所借工具，如实填写维修记录。

②负责各类维修所需的一般性机物料、配件领取。

③巡回检查场站设备是否工作正常、巡视站区重点要害部位；保持场站设备维护保养和卫生区整洁干净。

④负责调压器、过滤器等设备定期排污并清理排污池，做好排污记录。

⑤重大节假日、重大活动前对场站进行巡检，发现隐患及时整改，如实填写整改记录。

⑥根据站长安排完成设备及相关安全附件的检测工作。

⑦执行各项安全制度及安全操作规程，特殊工种要做到持证上岗、按规定使用防爆工具和劳保用品；熟练使用各类维修工具、仪表。

⑧完成领导交办的其他任务。

4. 场站电工工作标准

（1）岗位人员资格要求

1）最低学历要求：高中。

2）身体条件：身体健康，能够胜任该岗位工作要求。

3）专业知识：熟悉国家相关法律法规，掌握本岗位必要的电气自动控制、高低压电气设备、弱电操作维修等专业知识和技能，熟悉安全管理制度、设备作业指导书、设备安全操作规程、设备巡检规程、设备维护规程、突发事件应急预案。

4）专业经验：经过三级安全教育培训，在班长指导下工作满 3 个月，能够胜任场站电工工作任务。

5）专业资格：初级工以上、经安全生产教育和培训合格并取得特种作业操作资格证低压运行维修和高压电工作业证。

6）专业技能：

①熟知本站高低压配电工艺流程、关键点控制；能够在日常值班及巡检过程中准确判断场站配电设备设施是否处于正常运行状态，能够及时发现安全隐患并上报。

②能够胜任场站日常值班、巡检、卫生清扫、设备设施日常维护保养、设备维修工作，能够对站内突发紧急状况及时采取有效的应急措施。

③具备一定的口头、书面表达能力。

（2）工作内容与要求

①具体负责场站办公场所电器、照明设备的维修、保养。

②具体负责场站电梯、空调等的日常维护、卫生保洁。

③具体负责处理场站停电事故和配合施工临时用电。

④具体负责场站配电室高、低压柜的定期巡检。

⑤具体负责场站泵房及供水管理。

⑥具体负责维修场站锅炉房电器、电路。

⑦完成上级领导交办的其他临时性任务。

二、场站倒班流程管理标准

概念：规范二项管理（工作流程、交接班会）。

1. 适用范围

燃气企业场站各班组。

2. 倒班交接流程

倒班交接流程如图 4-1 所示。

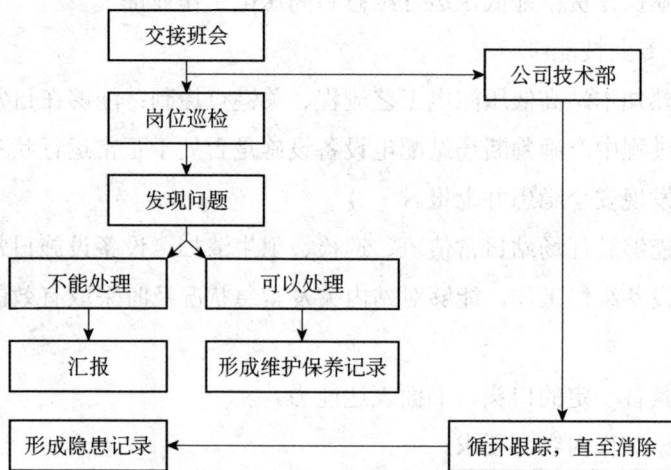

```
        ┌──────────┐
        │  交接班会  │───────────────────┐
        └──────────┘                   │
              │                         ▼
        ┌──────────┐            ┌──────────┐
        │  岗位巡检  │            │  公司技术部 │
        └──────────┘            └──────────┘
              │                         │
        ┌──────────┐                   │
        │  发现问题  │                   │
        └──────────┘                   │
          ╱      ╲                      │
   ┌──────────┐ ┌──────────┐           │
   │ 不能处理  │ │ 可以处理  │           │
   └──────────┘ └──────────┘           │
        │           │                  │
   ┌──────────┐ ┌──────────────┐       │
   │  汇报     │ │ 形成维护保养记录 │     │
   └──────────┘ └──────────────┘       │
                                       │
 ┌──────────────┐      ┌──────────────────┐
 │  形成隐患记录  │◄─────│ 循环跟踪，直至消除  │
 └──────────────┘      └──────────────────┘
```

图 4-1　倒班交接流程

3. 接班人员到岗规定

接班人员必须按规定时间提前到岗，交班人员办理交接手续后方可离去。

4. 交班人员应提前做好的准备

①整理报表及检修、操作记录。

②核对模拟屏、微机显示与实际是否相符。
③设备缺陷、异常情况记录。
④记录好消防用具、公用工具、钥匙、仪表及备用器材等。
⑤做好所辖区域的清洁卫生。

5. 交接班时应交清的内容

①设备运行方式、设备变更、异常、事故、隐患等情况及处理经过。
②保护和自动装置运行及保护定值的变更情况。
③设备检修、试验情况及安全措施布置情况。
④巡视检查中发现的缺陷和处理情况。
⑤当班已完成和未完成的工作及有关措施。

6. 接班人员接班时应做好的工作

①查阅各项记录，检查负荷情况、音响、信号装置是否正常。
②了解重大操作及异常事故处理情况。
③巡视检查设备、仪表等，了解设备运行情况及检查安全措施布置情况。
④核对安全用具、消防器材，检查工具和仪表的完好情况，钥匙、备用器材等是否齐全。
⑤检查周围环境及室内外清洁卫生状况。

7. 不得交接班情形

①接班人员班前饮酒或精神不正常。
②发生事故或正在处理故障时。
③设备发生异常尚未查清原因时。
④正在进行重大操作时。

8. 时间要求

交接班时间控制在 15 min 以内。

9. 应形成的记录

班长班前会议记录，员工可不作记录。

三、场站设备管理标准

1. 目的

为加强燃气场站设备的运行管理，保障正常运行制定本场站设备管理规定。

2. 范围

本书规定了场站设备定义及分类、设备管理职责管理及设备编号、设备的定期检查维护等管理内容及设备的停运、投运、更新、报废、定期校验等管理流程。

3. 场站设备管理职责及分工

（1）站长职责
①全面负责场站设备设施管理。
②按照有关要求，定期组织员工对站内设备设施进行维护保养。
③督促完成设备设施的定期校验工作。
（2）专（兼）职设备管理员职责
①负责站内设备管理工作。
②制订设备设施的维护保养计划及定期校验计划，并按计划执行。
③参与设备设施的日常维修工作。
（3）设备管理责任人职责
①负责站内设备的日常巡查管理工作。
②按照计划配合设备管理员完成设备设施的维护保养工作及定期校验工作。

③负责设备设施的日常维修工作。

4. 场站重点设备挂牌管理

场站设备管理可使用重点设备责任牌来执行场站设备的定岗定人及挂牌管理工作。重点设备责任牌上需标明设备名称、安装地址、设备安全责任人等详细信息。重点设备责任牌具体样式详见可视化管理。

5. 场站设备档案管理

设备档案资料是设备制造、使用、管理、维修的重要依据，对设备操作使用水平、维修工作质量、设备良好的技术状态的保障起着重要的作用。设备档案的管理应由专（兼）职设备管理员负责，并做好以下工作：

①资料来源的组织工作；

②归集记录工作；

③资料加工分析工作；

④归档审定工作；

⑤资料使用过程中的管理工作。

6. 场站设备的定期检查

为了提高、维持生产设备的原有性能，使设备的隐患和缺陷能够得到早期发现、早期预防、早期处理，需按照预先设定的周期和方法，对设备上的规定部位（点）进行有无异常的周密检查。

（1）定期检查内容

1）手动阀门。

①每日检查阀体及附件的清洁，阀门开关指示牌、阀门编号牌，必须保持清晰可见。

②每日检查支架和各连接处的螺栓，螺栓应保持紧固。

③每日检查阀门填料压盖、加油孔、加油孔螺帽、放散球阀、放散球阀阀芯、丝堵、膨胀节、阀盖与阀体连接及阀门法兰等处有无渗漏，同时应注意整个阀体的防腐情况。

④每日检查异常的阀门、刚维修完的阀门、新更换的阀门、新增加的阀门，确保正常使用无泄漏。

⑤每半年对阀门的手动装置进行检查，启闭一次阀门，确保阀门灵活，能正常开启。

⑥每半年对启闭力矩大的阀门加注密封脂。

2）电动阀门。

①电动阀门的日常维护参考具体章节手动阀门日常检查中相对应的内容。

②电动阀门的半年维护参考具体章节手动阀门半年检查中相对应的内容。

③每季度对电动装置及控制系统（包括限位开关、力矩限位开关、仪表及远控功能等）进行检查、测试和调整，保证阀门的正常运行。

④每季度检查传动减速箱油位，保持在规定位置。

⑤每季度检查接地电阻，接地电阻$\geqslant 10\Omega$。

3）过滤器。

①每月检查法兰、阀门及顶盖等连接部位有无泄漏。

②每月检查过滤器外观和防腐情况。

③每月检查过滤器压差表是否在规定范围内，观察过滤器压差表读数，当其压损$\Delta P \geqslant 0.02 \sim 0.03$ MPa时应清洗或更换滤芯。

④每季度打开过滤器放散阀对过滤器内污物进行吹扫，确保过滤器内无污物。

⑤每季度检查检测过滤器连接部件的电阻值，电阻值$< 10\Omega$。

⑥每季度对过滤器滤芯进行清洗，确保滤芯干净无杂物。

4）加臭机。

①每周检查阀门和连接部位的泄漏情况，确保无泄漏。

②每周检查四氢噻吩贮罐液位是否在规定范围，需保证四氢噻吩贮罐液位为 300～600 mm（液位计的 20 格标处）。

③每周对加药泵的运转、润滑油的油位、膜片、流量信号的电路情况进行检查，确保正常。

④每半年更换泵内机油，确保油质清澈，无臭味。

⑤每半年清除腔内机油及杂质。

⑥每半年清洁排油孔塞，保持畅通。

5）安全阀。

①每日检查安全阀的校验时间，如到期则安排校验。

②每月清洁安全阀，确保干净无灰尘，安全阀排放管无异物堵塞。

③每月检查安全阀泄漏情况，保证无泄漏。

6）切断阀。

①每季度检查切断阀启动压力是否符合规定值。

②每季度检查脱扣机构及传感器撞块的动作灵敏度，保证动作灵敏。

③每季度检查切断阀切断后关闭是否严密，确保无泄漏。

④每季度开启手动切断旋钮，检查手动切断是否正常。

7）调压器。

①每日检查调压器周围环境及卫生，确保无不安全因素，卫生整洁。

②每日检查调压器是否有泄漏。

③每日对调压器的运行压力、外观油漆、防腐层进行检查，确保压力运行稳定，油漆无脱落，防腐层无锈蚀。

④每日对运行声进行监听，确保无异常。

⑤每日检查关闭压力，保证压力稳定。

⑥每半年检查切断阀启动压力设定值，确保压力在合格范围内。

⑦每半年检查放散阀启动压力设定值，确保压力在合格范围内。

⑧每半年清洗调压器、切断阀内腔，保证干净无污垢。

⑨每半年检查易损件如阀门、密封件、薄膜、O 形圈，确保无溶胀、老化、压痕、不均匀的密封件。

⑩每半年清洗调压器、切断阀内腔，保证干净无污垢。

⑪每半年检查易损件如阀门、密封件、薄膜、O 形圈，确保无溶胀、老化、压痕、不均匀的密封件。

⑫每年对调压器所有零部件、切断阀零部件、指挥器零部件进行拆洗，保证零部件表面干净无污垢。检查各零部件的磨损及变形情况，确保零部件无磨损及变形。

8）可燃气体报警器。

①每月检查电源及备用电源，确保电压正常，设备正常。

②每月检查报警器探头的卫生情况，确保干净无堵塞。

③每月检查报警装置的防雷接地情况，保证防雷接地良好。

④每年检查报警控制器收到报警信号的情况，查看是否能够正确显示。

⑤每年对可燃气体探测器的精度进行测试，确保满足计量要求。

⑥每三年更换合格的可燃气体控制器。

（2）定期检查

①场站设备定期检查分为日常检查及周期检查。日常检查由场站运行人员负责完成。周期检查由专（兼）职设备管理员主要负责，运行人员辅助完成。

②要逐点记录，通过经常性地积累，找出规律。

③处理要按标准进行，达不到规定标准，要标注明显的记号。

④检查记录至少要每月分析一次，重点设备要每一个定修周期分析一次。每季度要进行一次检查与处理记录的汇总整理，并存档备查，为检修和改造提供依据。每年要系统地进行一次总结，找出规律并提出改进计划。

⑤查出问题的，需要设计改进，规定设计项目，按项进行。

⑥任何一项改进项目，从设计、改进、评价到再改进的全过程，都要有专人负责，使效果具有连续性和系统性。

⑦每半年或一年要对检查工作进行一次全面、系统地总结和评价，提出书面总结材料和下一阶段的重点工作计划。

四、计量设施管理标准

1. 总则

为了保证计量设备顺利投用，准确计量，规范分输计量管理，依据《中华人民共和国计量法》《中华人民共和国产品质量法》《中华人民共和国计量法实施细则》与能源部、国家计划委员会《关于石油、天然气计量交接的规定》制定本管理标准。

2. 计量设施投用条件

计量设施总体要求参见表 4-1。

表 4-1　计量设施功能确认表

资料的确认	标准的配置	天然气交接计量站点应配置必要的标准、规程、规范
	档案资料	设计文件，包括设计图纸、设计变更单和设计联络单等
		检验报告单及原始记录，包括仪表安装检查、隐蔽工程、电缆（线）测试、接地电阻测试、仪表管道脱脂和压力试验、仪表检验和试验、计量回路试验等

资料的确认	档案资料	计量器具技术档案，包括设备名称、规格型号、制造厂家、计量器具使用说明书、软件备份、检定/标准或产品合格证书。计量器具证书上的主要技术指标应满足《天然气计量系统技术要求》（GB/T 18603）要求
		交接计量人员应经过专业培训，并获得相应的证书
	规章制度	西气东输贸易计量管理规定
		计量器具安全运行操作规程
		计量器具管理制度，包括使用、核查、维护保养制度等
		计量档案管理制度
		巡回检查责任制及计量岗位巡检路线图
		岗位责任制度、岗位交接班制度
		事故报告、处理制度
		卫生制度
		安全管理规定
计量设施总体要求		计量设施的功能确认项目包括流量计、配套仪表（温度变送器、压力变送器、流量计算机）、附属设备（直管段、流动调整器等）等
		计量设施的防爆、隔离、吹洗、脱脂、密封和接地措施符合设计文件的规定
		表示计量设施检定合格的印记和铅封应完整、有效
		计量系统中的计量仪表应由 UPS 供电，计量仪表电源电压采用 24 V，并配备备用电池
		具有远程诊断功能的流量计算机及超声流量计应接入西气东输远程诊断网络平台、现场具有远程路由
		计量设施应进行检查、校准和试验，确认符合设计文件要求及产品技术文件所规定的技术性能、仪表的校准和回路试验（包括流量回路、压力回路、温度回路）应满足现行国家标准《自动化仪表工程施工及质量验收规范》（GB 50093）要求
		流量计算机柜内布线应简洁、整齐，所有现场来线有对应编号，无裸露导线

续表

流量计	流量计检定要求	大于或等于 DN250 的流量计需要增加检定流程
		在线实流检定口上应设置截止阀,截止阀要求选用零泄漏、密封性能好的全通径阀门
		站内道路的转弯半径不应小于 12 m
	孔板流量计	节流件前后的直管段必须是直的,不得有肉眼可见的弯曲
		安装节流件的直管段应该是光滑的,如不光滑,流量系数应乘以粗糙度修正系数
		为保证流体的流动在节流件前 1 D 处形成充分发展的紊流流速分布,而且使这种分布呈均匀的轴对称形
	涡轮流量计	涡轮流量计的设计、安装应符合设计要求及《用气体涡轮流量计测量天然气流量》(GB/T 21391)要求
		涡轮流量计表体上应至少有一个 4～10 mm 的取压口,用于与压力变送器连接进行静压测量
		涡轮流量计具有双高频脉冲输出,一路用于计量,另一路参与比对
		涡轮流量计的仪表系数 K 及流量点系数设置应与检定证书一致
		放空阀应放在涡轮流量计的下游
		投产初期,涡轮流量计应单独加装过滤网
配套仪器	温度变送器	温度变送器的测量范围、压力等级应符合设计文件规定
		温度变送器应安装在外保护套管上,并在保护套管内注入硅油。当管网设计压力高压等于 4.0 MPa 时,应用焊接式外保护套管,当管线设计压力低于 4.0 MPa 时,可用法兰式或螺纹式外保护套管
		在每条流量计测量管路的下游管段上安装温度变送器,并将测温孔设在流量计下游距法兰端面(2～5)D(D 是指管道的直径)。温度计套管应伸入管道至公称内径的大约 1/3 处,对于大口径管道(大于 300 mm,温度计套管会产生共振)温度计的设计插入深度不小于 75 mm
	压力变送器	压力变送器的测量范围、压力等级应符合设计文件规定
		压力变送器的端部不应超出设备或管道的内壁

续表

配套仪器	压力变送器	压力变送器应安装在温度变送器上游
		导压管与气分析的取样导管不能共用
		差压测量管路的正负压管连接正确,安装在环境温度相同的位置
		不应在导压管低处安装仪表,流量计算机传输数据支持数字通信方式
		压力测量采用绝对压力变送器,流量计算机传输数据支持数字通信方式
	直管段/流动调整器	流量计直管段必须与流量计同心、同径
		超声涡轮流动调整器的接口类型、在上游直管段的安装位置、调整器配置及流量计直管段长度应分别按《用气体超声流量计测量天然气流量》(GB/T 18604)、《用气体涡轮流量计测量天然气流量》(GB/T 21391)的要求进行配置
	流量计算机	流量计算机与流量计应是一对一配置
		流量计算机可接收现场的流量、温度、压力、组分等信号,并进行补偿计算
		流量计算机具备显示、累积、存储等功能
		至少提供4个通信接口,分别用于组态、数据传输、打印及与在线气相色谱仪通信
		流量计算机中设置的标准参比条件应符合现行国家标准《天然气标准参比条件》(GB/T 19205)或合同规定
		流量计算机显示的变量,应采用法定计量单位
		检验压力变送器无论是表压类型还是绝压类型,都应保证流量计算机数据处理时所采用的压力值正确
		流量计与色谱分析仪通信中断时,应该采用色谱替代值
		支持在操作条件下的瞬时体积流量计算和在标准参比条件下的瞬时体积流量计算及各自体积流量的累积计算
		支持瞬时质量流量计算及质量流量累积计算
		支持在标准参比条件下的瞬时能量流量计算及能量流量累积计算

续表

配套仪器	流量计算机	支持小信号切除功能
		天然气标准条件下的瞬时流量和累积流量计算标准，天然气压缩因子计算标准和天然气发热量、密度、相对密度及沃泊指数的计算标准，应符合相关标准或合同要求
分析仪表		天然气品质分析测量设备的测试项目和执行标准应符合现行国家标准《天然气》（GB 17820）的要求。A 级站必须配备在线品质分析设备，总硫由具备分析能力的实验室定期取样分析；B 级站和 C 级站应由具备分析能力的实验室定期取样分析，获得发热量、O_2、N_2、CO_2、$C_1 \sim C_6^+$、硫化氢、水露点、总硫含量数据
		品质分析测量设备的铭牌应清晰可见，表示品质分析系统合格的印记和铅封完整、有效
		天然气计量站须设置离线取样口和在线取样口，取样口设置应满足《天然气取样导则》（GB/T 13609）的要求。离线取样口和在线取样口应尽量靠近，并均做伴热保温处理。取样探头的位置应在阻流元件的下游至少 20 倍管径处，并在水平管上部，取样探头应插到管直径 1/3 处。在线检测则须由取样口到分析小屋的样品管线架空铺设
		在线气相色谱仪的各项技术指标应符合现行国家标准《天然气的组成分析　气相色谱法》（GB/T 13610）或《天然气用气相色谱法测定规定的不确定度的组分》（ISO 6974）要求。按《在线气相色谱仪》（JJG 1055）要求定期进行校准。在线气相色谱仪的自校准周期不大于 1 周。仪器应配置符合现行国家标准《天然气发热量、密度、相对密度和沃泊指数的计算方法》（GB/T 11062）要求的物性参数计算软件的规定
		具有在线色谱分析仪的场站增加计量设备时，流量计算机应接入在线色谱数据，并采用在线色谱组分数据参与流量计算
	气体标准物质	应采用国家二级或国家一级气体标准物质。气体标准物质应具有国家认可的标准物质证书
		使用的标准物质应在有效期内
		标准物质的使用及保存条件应满足要求
		应使用和气质相匹配的气体标准物质，应符合现行国家标准《天然气的组成分析　气相色谱法》（GB/T 13610）、《天然气　含硫化合物的测定　第 3 部分：用乙酸铅反应速率双光路检测法测定硫化氢含量》（GB/T 11060.3）、《在线气相色谱仪》（JJG 1055）、《硫化氢气体检测仪检定规程》（JJG 695）的要求

3. 流量计及配套仪表维护保养标准

（1）孔板流量计

孔板流量计是利用流体流过孔板时在孔板前后产生的差压来测量流量的一种流量仪表（图 4-2）。

1）孔板流量计日常检查。

①孔板阀表面应保持清洁，油漆无脱落、锈蚀，铭牌清晰，零部件齐全完好，无内外渗漏现象，可动部分灵活好用。

②每月操作检查一次孔板阀，清除孔板表面污物，目测孔板重要部位，如有划伤、蚀坑、磨损等缺陷，应予以更换，密封件如有损伤变形必须更换。检查内容主要包括：

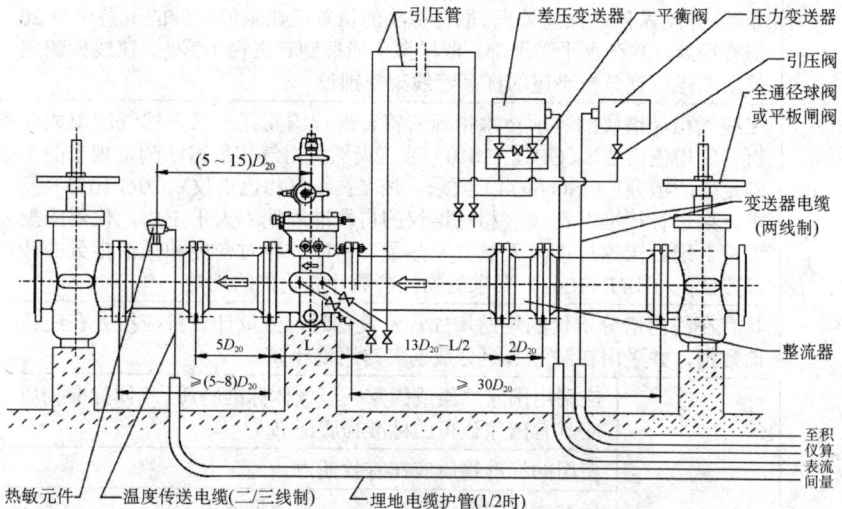

图 4-2　孔板流量计的工艺图

a. 外观检查：孔板不应有脏物、积尘、腐蚀及明显损伤变形。

b. 测量孔径：新孔板使用前的孔径测量，方法是用 0.02 级的游标卡尺在内圆上大致相等角度的四个方位测量，其结果的算术平均值就作为现场实测孔径值，此值应与孔板上标出的孔径值一致。

c. 变形检查：用游标卡尺的棱面分别贴靠孔板上、下游面在大致垂直的两个方位上，估计最大缝隙宽度，其值与计量管内径的比值应小于 0.5%。

d. 尖锐度检查：检查孔板开孔直角入口边缘的尖锐度，若发现有肉眼可见的划痕、冲蚀和擦伤等缺陷，建议更换孔板。

e. 五阀组检查：检查五阀组高低压阀腔有无漏气，关闭根部阀打开平衡阀后检查零点有无漂移。

f. 引压管清理：每月对引压管进行放空、吹扫，防止引压管内积聚污物。

2) 孔板流量计补充密封脂（每月）。

①孔板阀每月检查一次，使滑阀保持良好密封，随时补充密封脂。

②若不需要检查孔板，则应活动上、下阀腔导板提升轴，检查其灵活性。

3) 孔板流量计排污（每半月）。

每半月打开排污阀吹扫排污一次。在排污阀清除污物之前，应把孔板导板提升到上阀腔。

4) 孔板流量计孔板的清洗及更换（每月）。

①取出孔板的步骤

a. 打开平衡阀，平衡上下腔压力。

b. 全开滑阀，用摇柄沿顺时针方向摇齿轮轴，直到摇不动为止。

c. 把孔板从下阀腔提至上阀腔，沿逆时针方向摇齿轮轴，感觉孔板导板与齿轮轴咬合时，再沿逆时针方向摇齿轮轴至转不动为止。

d. 关闭滑板阀，用摇柄沿逆时针方向摇齿轮轴，直到摇不动为止，切断上下腔通道。

e. 关闭平衡阀。

f. 缓慢打开放空阀，将上阀腔压力放空至 0。

g. 取下防雨保护罩，拧松螺钉，取掉顶板、压板。

h. 逆时针方向继续旋转齿轮轴，提出孔板。

②清洗孔板的步骤

a. 清除空板表面油污。

b. 使用抹布及酒精清洗孔板。

③装入孔板的步骤

a. 在孔板密封环四周少许抹一层黄油，将孔板装入导板后放入上阀腔，并将其向下摇至碰到滑板为止（孔板开孔扩散方向应为介质流动方向）。

b. 顺时针慢摇齿轮轴至能装压板、顶板位置即可。

c. 依次装入密封垫片、压板、顶板，拧紧顶板上的螺钉，盖好防雨保护罩。

d. 关闭放空阀。

e. 打开平衡阀，平衡上下腔压力。

f. 全开滑阀，用摇柄沿顺时针方向摇齿轮轴，直到摇不动为止。

g. 依次沿顺时针方向旋转齿轮轴，直到孔板到位。

h. 关闭平衡阀。

i. 关闭滑板阀，注入密封脂。

j. 打开放空阀将上阀腔压力放空至 0。

k. 关闭放空阀。

l. 检查有无渗漏现象。

5）清洗下阀腔（每月）。

①检查更换孔板，清洗下腔时，必须先关闭上下游取压针型阀，开旁路，然后再关闭上下游干线阀门，将计量管段内压力放空，待无压力时，才能拆卸、清洗；

②恢复计量时，应依次打开下游阀门、上游阀门，最后关闭旁路。

6）常见故障及处理。

①杂质划伤滑阀密封、产生内漏。轻微渗漏，从注脂嘴加注密封

脂 7903，再开关滑阀 4～8 次即可；严重内漏时，应切换支路并分解检查，如零件损坏则必须更换。

②开关滑阀或提升孔板跳齿。保持上下腔压力平衡，缓慢正反向旋转导板提升轴至齿轮啮合正常；错齿卡死，应切换支路分解检查，如零件损坏则必须更换。

③提升孔板部件有卡滞现象。清洗导板上的污物，如仍不能清除，可用锉刀稍微修理导板顶端倒角。

④孔板部件下坠不能在中腔停留。紧固齿轮轴内六角。

⑤注脂嘴渗漏。取下注脂嘴帽，加注密封脂 7903，拧紧注脂嘴帽。

⑥其他部件渗漏。堵头、法兰等处应切换支路并分解检查，更换密封垫或密封圈；壳体部件的渗漏，应切换支路并分解检查，更换整台阀门或补焊壳体。

⑦计量数据差较大，差压过大或过小。更换新孔板，正常计量时差压值应该在差压变送器量程的 10%～90%。

（2）涡轮流量计（图 4-3）

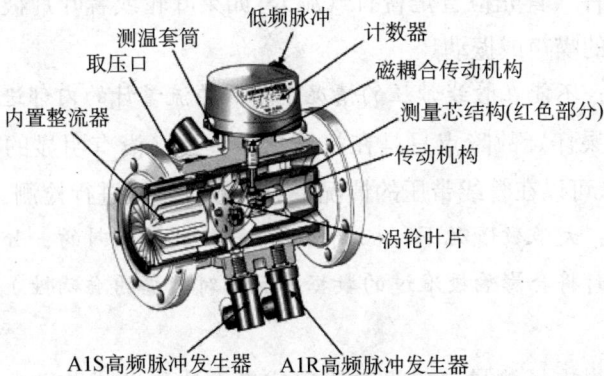

图 4-3　涡轮流量计

1）定期检查。

与其他精密仪器一样，如果错误使用涡轮流量计或者在它的要求和限制范围之外使用，将会造成涡轮流量计的损坏，谨慎一些的做法就是定期检查它的安全性和运行状态。如果有下列情况之一发生，就必须对涡轮流量计进行检查：曾经出现过过大的压力，装置曾经反常振动或者排出气体非常脏。

一些涡轮流量计不必从管线上拆下也能够进行检测。如果有问题的流量计在叶轮处安装有接近式传感器或者在同一位置有一个死堵，那么对叶轮的检查可以通过移去传感器或者死堵的方式来进行。

2）定期润滑过程。

为了延长使用时间和确保涡轮流量计的计量精度，对叶轮的润滑是必要的。用油冲洗叶轮不仅是为了有效地润滑，而且还可以冲出由气体带入的杂质。

油泵手动运行：用手向下压油泵的手动杆直到停止，以便每次可以形成同样的油压。向下压动手动杆一次即油泵活塞的一个冲程。

3）常见故障及解决方法。

在操作过程中，可能会由于不规则的转动或者计数器被阻塞而损坏机械部件（首先检查是否有气流），如果叶轮或者叶片被损坏则会引起异常的噪声或振动。

警告：不能在管线带压的情况下对涡轮流量计的内部进行检查。

①如果怀疑故障点只是在机械指示头上（没有明显的噪声或振动），那么可以在管线带压的情况下对机械指示头进行检测。

注意：大多数情况下，机械指示头是被正式铅封的，如果打开或者破坏铅封将会影响校准过的数据并且（对数据的准确性）担保也将失效。

②如果电子测量单元没有输出或者无法和机械指示头上的数据相同，可以使用一个调整器或者一个脉冲发生器连接到表体上接近式的插孔上。按照技术规格书检查极性及插头的连接、电压、电流，如果检查结果显示极性正确，插头连接正确，那么说明表体内部的电子

单元出现了故障。

注意：如果涡轮流量计安装在危险区，所有的连接都应该是本质安全的电路。

③如果在机械指示头里有过多的凝结液，那么所用硅胶的部分要进行更换，对于旧的表体，可以拿掉机械指示头颈部下面的排污/放空螺钉，排除过多的凝结液。

④在对流量计进行拆卸或者从管线上移走之前，管线必须先卸压。管线卸压应缓慢小心地进行，以免损坏叶片或叶轮。

五、电动机泵管理标准

概念：规范三项管理（润滑保养周期、其他维护保养、保养记录），确保机泵周期保养率大于或等于95%。

1. 适用范围

①异步电动机。

②380 V 电机。

2. 润滑保养周期

（1）二级电机

①带注油孔的，每月注油一次，每次注油须将废油排放，每次注油量不超过轴承盒容量的1/3。

②不带注油孔的，每 2 个月进行一次补油。

③每 6 个月一次更换轴承并保养电机。

（2）四级电机

①带注油孔的，每 3 个月注油一次，每次注油须将废油排放，每次注油量不超过轴承盒容量的1/2。

②不带注油孔的，每 4 个月进行一次补油。

③每年一次更换轴承并保养电机。

（3）六级电机

①带注油孔的，每 4 个月注油一次，每次注油须将废油排放，每次注油量不超过轴承盒容量的 2/3。

②不带注油孔的，每年进行一次补油。

③每 2 年一次更换轴承并保养电机。

（4）八级及以上电机

八级及以上电机根据情况灵活处理，但最长时间不得超过 3 年。

不能按周期进行保养的，应缩短注油周期，进行升级管理，并做好记录。

注：以上所规定时间为累计运行时间。

六、仪表与自控管理标准

1. 一般规定

由有资格证的人员进行仪表的校验与调整工作，校验用的标准仪器，要具备有效的鉴定合格证，其基本误差的绝对值不宜超过被校仪表基本误差绝对值的 1/3。单体校验一般不少于 5 点，回路校验一般不少于 3 点，且应在量程范围内均匀选取。

（1）仪表校验前要首先对以下内容进行检查：

①设备的型号、规格、材质、测量范围等要符合设计要求。

②外观无变形、损伤、油漆脱落，及零件丢失等缺陷，外形主要尺寸要符合设计要求。

③端子、固定件等必须完整，附件齐全，合格证及鉴定证书齐备。

（2）仪表校验调整后要达到下列要求：

①基本误差必须符合该仪表精度等级的允许误差。

②变差、同步误差必须符合该仪表精度等级的允许误差。

③仪表零位正确,偏差值不超过允许误差的 1/2。

④指针在整个行程中要无振动、摩擦和跳动现象。

⑤电位器和可调节螺丝等可调部件在调校后要留有可调整余地。

⑥数字显示仪表数字显示无闪烁现象。

2. 温度仪表

①双金属、压力式温度计在安装前应在量程范围内做示值校验,且不少于 2 点。

②热电偶、热电阻做导通和绝缘检查,并按不同分度号各抽 10% 进行热电性能试验,对装置中的主要检测点和有特殊要求的检测点进行 100%热电性能试验。

③校验时,对于温度传感器的输出值应在恒温槽或干井炉温度稳定的情况下读数。

④用信号发生器给温度变送器沿增大和减小方向输入对应量程范围的 mV/Ω 信号,输出电流应为 4 mA、8 mA、12 mA、16 mA、20 mA,允许误差及变差必须符合厂家规定。

⑤热电偶配套的温度仪表有断偶保护装置时,进行断偶保护试验。

3. 压力仪表

对于测量范围小于 0.1 MPa 的压力表的校验,可用仪表空气作为信号源,用相应测量范围的标准压力计进行校验;测量范围大于 0.1 MPa 的压力表用活塞式压力校验台或手操泵加压,用标准砝码、标准压力表或数字式压力计进行校验。压力表校验合格后加铅封,并贴上有校验日期的标签。

压力开关校验时,用手操泵按增大和减小方向分别施加压力信号,首先在其测量范围内改变几次设定值,检查其动作值和变差是否符合精度要求，再按设计值进行设定，检查设定点精度是否符合要求。当压力达到设定值时，开关触点应改变状态，如不满足要求可通过调整螺钉来调整。

4. 流量仪表

①涡轮流量计、质量流量计、孔板流量计、超声波流量计、Verabar流量计、旋转容积式流量计及就地转子流量计等流量仪表根据出厂合格证和校验合格证说明，在有效期内可不进行精度校验，但需通电或通气检查各部件工作是否正常，对电远传转换器作模拟校验。若需校验，可委托计量部门或厂家进行校验。

②转子流量计用手推动转子上升或下降，指示变化方向必须与转子运动方向一致。

③对孔板、文丘里管等节流装置进行规格尺寸检查并记录。

5. 物位仪表

①浮筒液位计根据被测介质的比重计算出用水校验时的测量范围，先调整好浮筒的零点和量程，然后依次加水至测量范围的 0、25%、50%、75%、100%，对应的输出分别为 4 mA、8 mA、12 mA、16 mA、20 mA，基本误差和变差应符合制造厂的规定。浮筒液面变送器用水校验时，输入液位高度按阿基米德定律和线性原理依介质密度进行换算。

②电容式物位开关校验前，使用 500 V 兆欧表检查电极，其绝缘电阻应大于 10 MΩ。调整门限电压，使物位开关处于翻转的临界状态。将探头插入物料后，状态指示灯亮，输出继电器应动作。

③音叉式物位开关校验时，将音叉股向上放置，通电后用手指按压音叉端部强迫停振，输出继电器动作。

④浮球液位开关，检查浮球外观是否完整、用手推动浮球上升下降检测常开（NO）、常闭（NC）触点变化是否正常，做好校验记录。

⑤超声、雷达物位计校验时，根据设计参数和产品技术文件要求，用其面板或红外线编程器进行组态设置即可，被测液位的容器不用灌满和清空。

⑥放射性物位计校验必须严格按操作手册要求进行，一般协同外商和厂商代表共同完成。

6. 气动仪表

①气动仪表校验的用气源应清洁干燥，露点至少比当地最低温度低 10℃。气源压力应稳定，波动值的允许误差为额定值的 ±10%，气动单元组合仪表目前已基本不使用。

②当校验没有外供仪表空气时，应由移动式无油空气压缩机、过滤器、干燥器、稳压器等设备组成仪表空气发生装置提供校验气源。压缩机应设置压力联锁保护系统，运行时过滤器应经常排污、排水。

③气动仪表校验前，应检查校验连接管路是否正确，并应通入 0.1 MPa 的空气，用肥皂水检查管路的气密性，仪表及管路应无泄漏。

④气动信号管路宜采用 $\phi 6 \times 1$ 或 $\phi 8 \times 1$ 的尼龙管或铜管，不得使用乳胶管。

⑤气动变送单元应进行变送精度校验。沿增大及减小方向分别输入 0、25%、50%、75%、100% 的信号，输出应分别为 20 kPa、40 kPa、60 kPa、80 kPa、100 kPa，基本误差及变差应符合被校仪表的精度要求。

⑥带输出压力表的变送器应同时进行输出压力表精度校验。

⑦气动差压变送器的校验应符合下列规定：

a. 进行零点校验时，应切断输入信号测定仪器的气源或将变送器的正压室放空。

b. 具有迁移机构的差压变送器，视情况在正压室或负压室加压，宜先将迁移量调整至 0，按一般差压变送器校验。然后加入迁移量，按迁移量的量程校验。

c. 经清洗脱脂后重新装配的差压变送器应进行静压误差检查，用无油活塞式压力计或手操泵向正压室和负压室同时分别输入额定工作压力的 0、50%、100%，变送器的输出均应为 20 kPa，静压误差不得超过基本误差的 1.5 倍。

d. 单法兰、双法兰膜片差压变送器的校验过程中，拧紧法兰时应避免膜片受压。

7. 电动仪表

①电动仪表（电动Ⅲ型单元组合仪表现已很少使用）检验，送电前应确认下列事项：

a. 电源电压符合仪表铭牌的要求。

b. 接线与仪表端子排列图一致，信号线、电源线正负极连接正确。

②电动仪表的校验应符合下列规定：

a. 工作电压为直流 24 V，允许误差为±5%。

b. 负载电阻为 0～600 Ω。

c. 输入输出信号为 4～20 mA 或 1～5 V。

③电动压力、压差、温度仪表均应进行精度校验，沿增大及减小方向施加测量范围的 0、25%、50%、75%、100%的测量信号，相应的输出电流应分别为 4 mA、8 mA、12 mA、16 mA、20 mA，误差不应大于仪表精度的允许误差，变差应小于仪表基本误差的绝对值。

④安全保持器（安全栅）检验应符合下列规定：

a. 在 0、25%、50%、75%、100%五点进行输入/输出特性校验时，变差应小于基本误差的绝对值。

b. 短路电流测试值不应大于 35 mA。

c. 开路电压试验值不应大于 35 V。

⑤指示调节器的校验以电Ⅲ型为例，应符合下列规定：

a. 使输入信号分别为 1.00 V、2.00 V、3.00 V、4.00 V、5.00 V，测量指针应分别指示 0、25%、50%、75%、100%，允许误差为 ±0.5%。

b. 设定指针的基本误差不应超出 ±0.5% 的范围。

c. 将"测量—校验"开关置于"校验"位置，测量与设定指针均应指示 50%，同步误差不应大于 0.5%。

d. 将切换开关置于软手动位置，用软手动操作输出指针从刻度的始点到终点，电流应在 3~21 mA 变化。

e. 当软手动开关倾斜一半时，输出 4 mA 变化到 20 mA 的全行程时间应为 100 s，当软手动开关全部倾斜时，全行程时间应为 6 s。

f. 用硬手动操作输出，使输出表指示在 0、50%、100% 时，输出电流应分别为 4 mA、12 mA、20 mA，允许误差为 ±3%。

g. 控制点偏差宜采用闭环跟踪法试验。各开关分别置于积分最小、微分断、反作用、"测量—校验"开关置于测量位置、"手动—自动"开关置于自动位置、比例度最小位置，调整设定轮，使设定值分别为 0、50%、100%，测量针应跟踪设定针，输出宜依次稳定在 10%、50%、90%，测量针与设定针的同步允许误差为 ±0.5%。

h. 比例度（P）校验不应少于三点，允许误差为 ±20%。

i. 积分时间（I）校验不应少于三点，允许误差为 ±50%。

j. 微分时间（D）应符合微分输出曲线。

k. 调节器校验完毕后，应根据工艺控制要求预置 PID 参数，实际应用参数由工艺操作员根据工艺调整。PID 参数见表 4-2。

表 4-2　PID 参数

调节器类别	P/%	I/%	D
LC（流量控制）	50~100	1~5	0
FC（流量控制）	90~120	1~5	0
TC（温度控制）	100~200	5~10	5~20
PC（压力控制）	90~100	1~5	0

8. 调节阀

调节阀、调节切断阀、开关阀、紧急切断阀等是整个控制装置的执行部分，其性能直接关系到产品的质量、系统和设备的安全。其校验应符合下列规定：

①外观检查：零部件齐全、装配关系正确、紧固件无松动，整体洁净。

②执行机构气室的密封性试验：将额定压力的气源输入薄膜气室中，切断气源，5 min 内气室中的压力不得下降。

③基本误差校验：将规定的输入信号平稳地按增大和减少输入薄膜气室（或定位器），测定各点所对应的行程值、计算基本误差。

④变差校验：校验方法同上，在同一输入信号所测得的正反行程的最大差值即为变差。

⑤死区校验：在输入信号量程的 25%、50%、75% 三点上进行校验，其方法为缓慢改变输入信号，直到观察出一个可察觉的行程变化，此点上正反两方向的输入信号差值即为死区。

⑥调节阀泄漏量试验：试验介质用清洁的水或空气。

⑦试验压力为 0.35 MPa，当阀的允许压差小于 0.35 MPa 时用规定的允许压差。

⑧事故切断阀及有特殊要求的调节阀体必须进行气体泄漏量试验，试验介质用清洁空气，试验压力为 0.35 MPa 或规定的压差，采用排气法，收集 1 min 内调节阀的泄漏量，允许泄漏量见表 4-3。

表 4-3　调节阀允许泄漏量

规格	允许泄漏量/（mL/min）
DN≤25	0.15
DN 40	0.30
DN 50	0.45
DN 65	0.60

续表

规格	允许泄漏量/（mL/min）
DN 80	0.90
DN 100	1.70
DN 150	4.00
DN 200	6.75
DN 250	11.10
DN 300	16.00
DN 350	21.60
DN 400	28.40

⑨行程试验

a. 调节阀进行行程试验，行程偏差符合设计规定；对带阀门定位器的调节阀，行程允许偏差为±1%；事故切断阀和设计明确规定全行程时间的调节阀，必须进行全行程时间试验，该时间符合设计规定（一般小于 10 s）。

b. 有手动与自动状态的调节阀进行手动、自动的切换试验。

c. 电动调节阀开关位行程开关和过扭力矩保护调校设定时要严格控制，避免执行器电动机和阀体损坏。

d. 智能调节阀，应先用编程器按设计参数和产品技术文件要求检查或组态设置，然后检验。

9. 过程分析仪表

过程分析仪一般不进行单表校验。对于氧分析仪、色谱分析仪、红外分析仪、pH 分析仪及可燃气体检测器等分析仪表，在安装完毕后，按照说明书的要求，利用厂家提供的标准方案和标准样气（液），进行性能检查和精度校验。过程分析仪表的校验，一般协同外商和厂商代表共同完成。

10. 智能仪表

①智能仪表进行调试前，应做通电检查。备用电源、保护电池和调节器液晶显示面板、发光二极管及其他状态指示信号灯应能正常工作。

②启动自诊断测试功能，并检测通过。使用内置或外置编程器、通信器、PC 机，调用系统功能菜单，检查仪表的在线、离线测试功能、组态功能、存储功能。

③检查制造厂设置的缺省参数值，将智能仪表原有信息存入编程器的寄存器中，对智能仪表按设计、工艺操作要求进行确认和修改。

④智能仪表检查调试和组态设置一般要求如下：

A. 智能控制仪表

a. 检查仪表的操作员级参数设置，记录设定后的参数值。

b. 检查仪表的班长级参数设置，记录设定后的参数值。

c. 检查仪表的组态级参数设置，记录设定后的参数值。

d. 根据控制方案检查所选定的功能模块能否满足控制要求。

e. 功能模块之间的软连接是否正确，记录功能模块连接图。

f. 利用编程器、通信器或 PC 机所提供的软件功能，编制并输入相应的程序，然后调试程序并记录所输入的程序。

g. 运算功能模块的基本运算功能的参数设置、运算公式及运算结果应满足工艺条件的需要。对于温度、压力补偿、比率计算、线性化等，分别加入所需参数的模拟信号，检查计算结果与理论要求的误差。

h. 控制功能模块的功能，如 PID 控制、串级控制、选择控制等。若需校验，其校验方法与常规调节器相似。

i. 输入/输出功能模块的功能，如数字滤波、自动←→手动无扰动切换、逻辑输出继电器等能否正常工作。

j. 通信功能的参数设置，包括波特率、奇偶校验位、优先级、通信地址等。

B. 智能变送器

a. 能改变输出状态的参数：工程单位；测量范围上、下限；输出方式（线性、开方、小信号切除）；阻尼时间常数。

b. 不能改变输出状态的参数：仪表型号、量程范围代码、仪表位号、描述符、信息描述、校验日期登录。

c. 通信功能的参数设置，包括波特率、奇偶校验位、优先级、通信地址等。

d. 编程器选择测试方式画面，选择"零点"回路测试，查看输出是否为 4 mA。选择"满量程"回路测试，查看输出是否为 20 mA。检查合格后，应按常规变送器要求进行精度校验。

e. 做好智能仪表检查调试和组态设置记录。进入智能仪表组态设置的密码要妥善保存。其他智能仪表的检查调试和组态设置和上述要求相似，但因功能不同导致相应的检查调试和组态设置不同。

七、场站设备分级管理标准

概念：规范三级管理（A 类、B 类、C 类），控制五大环节（巡检标识、防护、运行状况、异常上报、归档）。

1. 适用范围

公司所有电气设备。

2. 设备分级

（1）A 类设备

发生故障后对安全、生产有重大影响导致系统大减量或停车、故障率极高的电气仪表设备。各片区可以结合本片区实际情况将 A 类设备细分为 A+、A-。

（2）B 类设备

发生故障后引起减量、造成生产波动的电气仪表设备。

（3）C 类设备

除 A 类、B 类以外的其他电气仪表设备。

3. 巡检标识

（1）控配电室

①控配电室名称标识牌标示清楚，变压器室及各台变压器名称标示清楚。配电室门口和变压器附近"配电重地，闲人免进"或"高压危险"的醒目标识完好。

②配电室主母排和分支母排相序标志明显完好。

③面配电柜正、反面编号清晰一致。

④进门附近配电柜的正面柜门上张贴有此配电室内所有回路的平面排列图；每种回路的控制原理图张贴在与之对应的柜门上。

⑤每条线路在接头附件处要有标签，标签上的编号或文字必须清楚明了。

⑥仪表电源、DCS 电源、连锁电源（包含零线）标识清晰明显。

（2）DCS 室

①总供电示意（包括 UPS 联络电源来源和去向）如图 4-4 所示。

②分支开关标识。

③卡件标识。

④安全栅或继电器位置标识。

⑤交换机网络标识。

⑥光纤收发器标识。

⑦操作电脑电源标识。

DCS 室系统构架如图 4-5 所示。

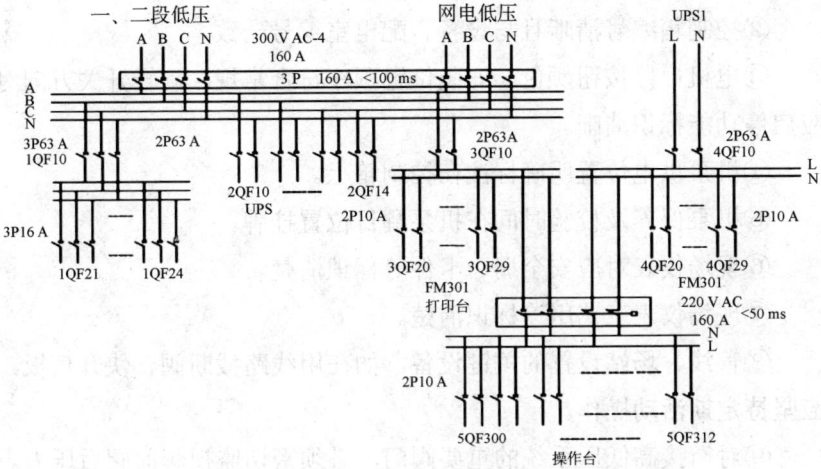

图 4-4　总供电示意

资料来源：金华市高亚天然气有限公司场站运行管理制度。

（3）现场设备

①机泵编号清晰且与设备、配电室编号一致。

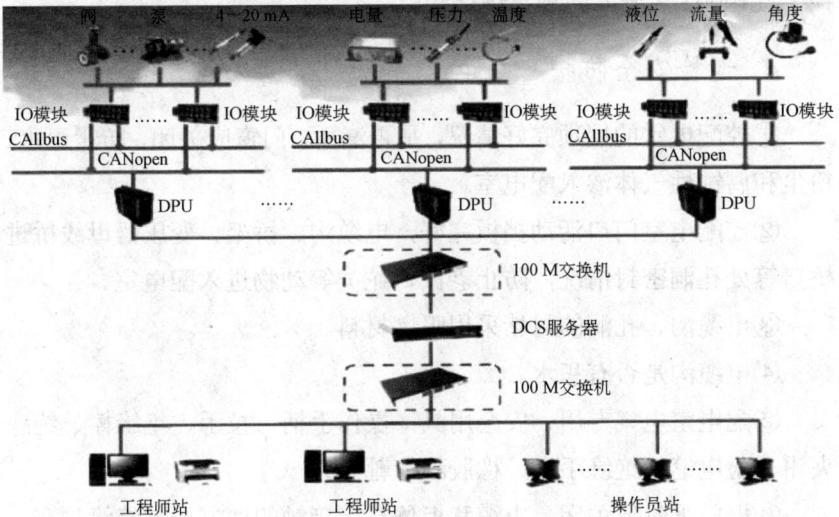

图 4-5　DCS 室系统构架

②控制箱编号清晰且与设备、配电室编号一致。

③电机启停按钮颜色、安装位置顺序符合常规，旋转开关方向对应启停功能标识清晰。

④机泵供电位置明确标注在控制箱上。

⑤机泵保养及校验时间在机泵醒目位置挂牌。

⑥现场仪表对应安全栅、卡件等标识清楚。

⑦现场仪表工艺用途标识清楚。

⑧管线、场站设置的关键设备，如在用线路截断阀、快开盲板，应坚持定期活动操作。

⑨对衔接高低压系统的重要阀门，必须密切监视阀前阀后压力表示值，严防该阀内漏串通，避免损坏低压系统的仪器仪表及其他意外事故的发生。

⑩场站受压容器的检测必须按原劳动部颁发的《固定式压力容器安全技术监察规程》（TSG 21—2016）和《在用压力容器检验规程》（劳锅字〔1990〕3号）的规定进行。

4. 巡检安全防护

①控配电室的屋顶完好情况，是否漏雨，门窗应关闭，防止雨水、粉尘和腐蚀性气体渗入配电室。

②控配电室门口活动挡板完好，电缆沟、桥架、变压器母线桥进桥口等处孔洞密封情况，防止老鼠、蛇类等动物进入配电室。

③电缆沟、孔洞的封堵采用阻燃材料。

④电缆沟是否有积水。

⑤配电室电气专用、安全用具（操作手柄、拉手、绝缘棒、绝缘夹钳、验电笔、绝缘手套、橡胶绝缘靴等）。

⑥柜门平时要关闭，电缆和柜体直接接触的地方要加绝缘护套，防止电缆损伤。

⑦高压配电柜前的地面上要铺设绝缘垫。

⑧灭火器的完好情况。

5. 巡检运行状况

（1）配电室

①降温设施是否正常开启。

②室温是否正常。

③配电室内外应经常打扫、清理，做到无杂物、无蜘蛛网，保证通道畅通，干净整洁。

④变压器高低压触头、进线开关、所有刀闸、A 类设备回路接头温度。

⑤灭灯检查或夜巡，看有无打火放电、闪烁现象。

⑥是否有焦煳味等异常气味。

（2）DCS 室（PLC 室）

①室温及空气正压开启情况。

②主控器状态及负荷。

③24 V 电源模块工作状态。

④UPS 电源工作状态。

⑤接线端子发热情况。

⑥网络状态。

⑦卡件状态。

⑧计算机状态。

（3）现场设备

①电机、控制箱防雨情况，防腐蚀情况，控制箱门是否关闭严实，电流指示是否正常。

②电机风扇罩、接线盒、地脚螺栓、大小端盖紧固螺栓、接地线外观无松动。

③电机机体、首尾端轴承温度及声音。

④电机振动情况。

⑤电机接线盒处电缆、引线接头温度，是否有焊锡等金属熔化物滴落。

⑥电机轴承盒处是否有润滑脂溢出。

⑦电机首尾端轴承注油设施是否完好。

⑧变压器油位，是否漏油。

⑨变压器温度，降温风扇开启情况。

⑩变压器运行声音，是否振动。

⑪变压器瓷瓶、瓦斯继电器、压力释放器、油枕等附件完好情况。

⑫变压器门、锁是否完好。

⑬仪表巡检必须到操作室询问操作人员或查看操作记录，是否存在设备缺陷。

⑭查看电脑报警及曲线。

⑮现场仪表接线防水、接地、防腐（螺栓要抹黄油）情况。

⑯引压管、阀门、变送器、压力表等连接点泄漏情况。

⑰调节阀定位器润滑及限位。

⑱空气排污阀的开启检查空气质量。

⑲电机、控制箱、变压器及现场仪表卫生情况。

⑳周围是否有其他危及电机、变压器等电仪设备正常运行的可能存在（如蒸汽、酸碱液等）。

6. 异常上报

①员工对 A 类设备需每天进行一次认真巡检。保持现场卫生，做好防腐工作，发现异常情况应及时处理，并报告上一级领导。

②对 B 类设备需每 3～7 天巡检一次。

③对 C 类设备由各片区自行根据实际情况巡检。

④对 A 类设备的检查必须做到逢修必检，对 A 类设备的校验按照《校验规程》进行校验检查。

⑤有临时性任务或生产需要的紧急任务，而不能按照正常的规定程序、方式方法及周期进行巡检的，在下次巡检时，应注明上次没有巡检的原因。

7. 设备归档

①各片区、维护班组应建立 A 类设备档案，包括上线、维护、维修等记录。

②片区可根据生产实际，在一定时间或一定范围内将 B 类设备升级为 A 类设备进行管理，也可将 A 类设备降级为 B 类设备，但必须及时修改设备档案（电子版）。

③对 A 类设备的运行情况，每月要形成设备综述上报部门。对 A 类设备的巡检记录，各片区应至少保存一年。

④所有 A 类设备必须张贴醒目的红"A"标识，其回路中重要的节点、易操作的部件也应张贴红"A"标识，以防误操作。

八、输配场站工器具管理标准

1. 总则

①为加强对工器具的管理，确保各类工器具在保管、检验、使用、维修和报废各环节得到有效控制，确保员工在使用各类工器具过程中的人身安全，提高工器具的完好率和利用率，延长其使用寿命，降低生产成本，特制定本细则。

②本制度适用于管理处各站队的个人工器具、公用工器具的管理，绝缘安全工具和形成固定资产的工器具另行管理。

2. 定义及分类

①个人工器具：指按照工作需要，项目单位长期借用由个人保管使用的工器具及仪器。公用工器具：指由部门统一保管的工器具及仪器，包括大型的工器具及仪器。形成固定资产的工器具：指单价2 000元及以上的大型工器具。

②工器具的分类：包括钳工工具、电动工具、气动工具、起重工具、液压工具、安全工具、测量器具、焊接工具、切削工具、试验器具、土木工具、专用工器具、其他工具等。

3. 职责

①生产运行科负责制度的执行、监督、检查及考核。

②各站队负责人负责监督落实本管理细则的实施。

③站队各专业技术人员负责建立本专业相应的工器具台账，负责新增工器具的台账补充。每季度对工器具台账更新一次，并报生产运行科专业人员审核、备案。

④仓库保管员负责汇总工器具台账，负责库存工器具的发放、回收及保管。

⑤工器具领用人及单位全面负责各类工器具的使用、保管、保养和维护。

4. 使用、保管、存放

①工器具的保管由领用单位负责。个人领用的基本工器具由领用人妥善保管，爱护使用。站队需建立个人工器具台账，注明领用数量、时间等相关内容。若丢失由领用人负责赔偿。

②公用工器具由站队长或指定人员负责管理。站队需建立公用工器具台账，并定期进行检查、维护保养。若丢失由责任人赔偿。

③所有工器具原则上不准借给其他单位、部门或个人使用，特殊

原因需要借用，必须由管理处相关部门批准，主管处长签字同意。同时应出具借条，明确归还时间，并按期收回，若有丢失，按价赔偿。

④工器具的使用周期一般不低于 3 年，对于易损工器具使用周期一般不低于 1.5 年，如不到规定的使用周期，工器具因损坏需提前更换，要说明原因，并以旧换新。

5. 工器具使用注意事项

①工器具的使用者应熟悉工器具的使用方法，否则不准使用。

②工器具的使用者，在使用前应认真核查合格证是否在有效期内，并进行使用前的常规检查。不准使用无合格证、合格证超过有效期及外观有缺陷等常规检查不合格的工器具。

③外界环境条件不符合使用工器具的要求时、使用者佩戴劳动保护用品不符合规定时不准使用工器具。

④工器具的使用者应按工器具的使用方法规范使用工器具，爱惜工器具，严禁超负荷使用工器具，严禁错用工器具，严禁野蛮使用工器具。

⑤不得随意将现有工器具改作其他工具，确因作业需要必须改作的，必须经管理处相关部门许可，改作后的工器具纳入专用工具管理，并在工器具台账上予以注明。

⑥工器具使用安全注意事项详见安全规程的相关章节。

6. 工器具的存放

①工器具应摆放整齐，堆放合理、牢固，便于发放、回收、保管。

②安全工器具及手动工器具应无油污、无杂物、无缺损。

③工器具标志应齐全、清晰醒目。

④根据工器具存放特性要求，采取防雨、防潮、防火、防盗、防腐、防风、防冻、防爆、防砸、防有害气体等各项措施。

⑤淘汰不合格的安全工器具及手持电动工器具应单独隔离存放保管，同时必须醒目标明"不合格工器具，严禁使用"。

⑥妥善保存产品说明书及使用说明书。

九、计算机管理标准

计算机管理标准概念：规范两项管理（生产系统计算机、办公室计算机）。

1. 生产系统计算机

①各片区计算机维护人员建立计算机台账，包括计算机型号、生产厂家、使用工段、计算机编号等内容。

②各片区计算机维护人员每周检查一次岗位计算机的运行状况（包括生产操作是否正常、计算机内存状况、硬盘空间、软件安装及使用情况等），并将检查情况记录在《设备检修记录本》上。

③各片区的计算机维护人员在每月的 26 日前将本片区的 DCS 运行情况、下月的工作重点及难点交给计算机主管。计算机主管对各片区的台账实行不定期检查，发现不符合规定的，一次罚款 20 元。

④各系统计算机管理人员要监管岗位操作工只能用计算机做与本岗位相关的生产操作，禁止对计算机进行与生产无关的操作，包括退出监视系统、玩游戏、打字、重启动电脑、拆卸硬件、改变计算机系统设置、在计算机上安装其他无关软件及擅自关闭音响报警器，私自挪动电脑位置等，以上情况一经发现，将进行严厉处罚。若计算机管理人员没有发现或发现后没有制止应负一定的连带责任。

⑤控制系统卡件、主机、显示器等主要硬件的变更（包括更换、拆除、安装等）应做好记录。

⑥硬件的变更应至少两人在场，以防误操作。

⑦计算机除安装必需的应用软件外，原则上不安装其他无关软件。

⑧各片区与控制系统相关的物资计划由各片区负责人批准，并上交计算机主管备档；对于更换下来的配件，能修则尽快送修，不能修理的则应做好报废记录。

⑨DCS系统程序下装一个月只允许集中下载一次，并且要制定详细的下装方案。特殊情况，生产部强制下装，必须由分管生产的副总经理签字认可。

2. 生产系统 UPS 电源

①生产系统 UPS 电源专门为 DCS 系统及生产系统计算机供电，它是经 UPS 将 220 V AV 交流市电转变成稳定的 220 V AC 交流电，以保证 DCS 系统及计算机稳定运行，如图 4-6 所示。

图 4-6　生产系统 UPS 电源

②UPS 电源主要供 DCS 控制室电源及操作台计算机电源、光纤收发器电源、交换机电源等。

③严禁在生产系统 UPS 电源线路如电源插座接任何用电设备如

应急灯、手机充电器、照明及大功率用电设备，避免对生产系统产生影响，以上情况一经发现，将进行严厉处罚。若计算机管理人员没有发现或发现后没有制止应负一定的连带责任。

3. 办公室计算机

①办公室计算机由技术处统一建立台账，并上交计算机主管备档。
②各办公室计算机的责任人为办公室内最高职位的员工。
③办公室内计算机严禁安装各类大小游戏及各种娱乐性质的软件。
④笔记本电脑在综合管理处登记备案，由部长统一调配，其报废由部门综合管理员统一负责。

第二节　燃气输配场站岗位职责

一、运行管理部经理岗位职责

①主持运行管理部全面工作，贯彻落实公司各项制度及指令。
②组织编制运行计划，组织制定安全运行、服务措施及岗位操作规程，并组织实施。
③负责控制运行成本费用。
④负责组织制定带气、动火作业方案，现场指挥实施带气、动火作业。
⑤负责组织制定抢修方案，现场指挥抢险、抢修工作。
⑥负责组织制定管线改造方案并组织实施。
⑦负责组织对违章占压、违章施工的处理。
⑧负责对各岗位人员的不定期监督考核。
⑨完成领导交办的其他任务。

二、调度中心主任岗位职责

①组织协调气源，合理调配气量，调节峰谷，确保供气稳定；掌握气量购进与销售数据，组织分析气损，组织制订供气计划。

②协助部门经理制定与完善内部各项制度，并负责监督检查制度的执行情况。

③负责突发事件、事故的协调、调度工作。

④参与各种作业、抢修方案的制定和审核。

⑤协调解决场站、管网运行中出现的问题，保证运行工作正常开展。

⑥负责组织完成运行管理的各种统计报表，进行总结、分析；负责组织收集部门各种质量信息，及时反馈到相关领导和相关部门，并制定本部门的改进措施，组织实施。

⑦根据以往供气数据、气量增长率、下游公司市场开发计划和以往经验，制订全年供气计划，上报领导批准后，进行月度分解。

⑧根据燃气压力的运行状况和用气情况，及时对上游气源进行初级协调，确保供气压力的稳定和气量的充足。

⑨根据压力运行状况，协调下游用户，根据领导指令下达停、供气指令，调整工艺，保证压力稳定和供气峰谷均衡。

⑩定期对管网及设备进行综合分析，发现问题及时派工处理，确保管网及设备安全运行。

⑪对紧急和突发事件，按应急预案进行联系、汇报、安排和指挥，确保抢修、抢险得到及时处理。事后要补做作业方案，配合安全管理部门组织相关人员进行事故分析、总结，制定改进措施。

⑫每日收集各种运行信息，统计分析并进行信息反馈，为领导决策提供依据。

⑬负责跟踪本部门工作计划的完成情况，并将信息汇总、分析，及时与相关负责人沟通，督促完成，并将汇总、分析结果报调度中心主任。

三、巡线检测班班长岗位职责

①负责巡线检测全面工作。
②负责制定管网及设备巡线计划和巡线员工作安排，并组织实施。
③负责协调处理管线占压和各种安全隐患。
④组织配合带气、动火作业和置换工作。
⑤负责巡线设备工具的保管维护工作。
⑥负责组织燃气设施的检漏、燃气管网防腐层破损情况检测工作。
⑦完成领导交办的其他任务。

四、维护抢修班班长岗位职责

①主持并维护抢修组的全面工作。
②制订设备设施维护、维修、抢修计划，并组织实施。
③负责设备档案资料的管理及维修维护统计工作。
④负责维护抢修组各项物资管理工作。
⑤参与制定抢修预案，协助组织预案演练，实施具体抢修任务。
⑥负责抢修机具，设备的维护、维修及材料、备件的保管，确保所有抢修设备处于良好状态。
⑦负责维护抢修组的工程施工任务的组织安排工作。
⑧负责整理维护、维修、抢修资料，确保资料的及时性、完整性、准确性。
⑨完成领导交办的其他任务。

五、运行班班长岗位职责

①负责贯彻落实公司的各项规章制度。

②负责站区的安全生产和日常管理工作。

③根据气量情况，组织编写各种工作计划、总结。

④组织安排站区内燃气设备的维护、维修和保养，保证各燃气设施的正常运行。

⑤组织安排站内人员进行业务学习和培训。

⑥监督站内人员的工作情况，并定期进行考核。

⑦完成领导安排的其他临时性任务。

⑧负责区域内管网安全运行及设备维护、维修、保养。

六、计划统计员岗位职责

①负责本部门的行政事务工作。

②汇总编制材料需求计划，并上报物资供应部。

③负责汇总编制运行管理部工作计划和工作总结。

④负责运行管理部档案管理工作。

⑤负责场站、管网运行统计工作。

⑥完成领导交办的其他临时性工作。

七、安全员岗位职责

①基层安全管理员协助部门负责人贯彻有关安全生产的指示和规定，开展本部门安全生产管理的各项工作，并检查监督执行情况。

②参加制定公司安全生产管理制度和岗位安全操作规程，并督促在本部门贯彻执行。

③组织本部门员工的安全教育和安全知识考核工作，具体负责新入公司和转岗人员的部门安全教育，督促检查部门、班组安全教育情况。

④参加本部门新建、扩建、改建工程的设计审查、竣工验收和设备改造、工艺条件变动方案的审查。

⑤组织部门各项安全活动，参与编制部门事故应急预案，组织消防演习和抢修演练。

⑥负责部门安全设备、灭火器材、防护器材和急救器具的管理。深入现场进行日常安全检查，及时发现隐患，制止违章作业。对事故情况和事故隐患，应立即报请有关领导处理。检查落实动火、带气、登高、进入有限空间作业措施，确保动火、带气作业安全。

⑦参加本部门各类事故的调查处理，协助领导落实各项安全措施。

八、巡线员岗位职责

①负责所有高压、中压、低压管网及设备的巡视工作。

②负责对影响燃气管网安全的施工进行现场监护、协调工作。

③配合完成管网带气、动火作业工作。

④负责对燃气管网设施及燃气管线左、右 5 m 范围内地下空间进行燃气泄漏检测工作。

⑤参加紧急和突发事故的抢修与抢险工作。

⑥负责对燃气管网竣工资料与现场实际情况的核对。

⑦负责及时记录和汇报所发现的问题，以便及时处理。

⑧严格执行安全操作规程，保证管网安全运行。

⑨完成领导交办的其他临时性任务。

九、维抢员岗位职责

①负责调压站、调压撬、流量表等燃气设施及所有安全装置的测

压工作，测试安全装置，检查并上报设备隐患。

②负责上述所有设备的维修、维护工作，有计划地进行设备维护（如对调压站门轴、销上油，对调压器进行小修，对流量表进行清洗及注油，对安全装置进行检测，对过滤器进行清理检修，对调压设施进行刷漆及工艺设备刷漆，对阀门井定期进行抽水等），按报修单及时进行维修，排除设备故障。

③负责设备档案资料核查工作。

④负责协助带气、动火作业及参加应急抢修工作。

⑤负责外管网置换及新设备调试。

⑥完成领导交付的其他临时性任务。

⑦负责执行抢修队的工作施工任务，并确保完成。

⑧负责完成施工过程中的运料、辅助焊接等项工作。

⑨负责除焊机以外的机具、设备，以及抢修材料备件的维护保养工作。

⑩负责施工现场清理等各项工作。

⑪掌握各项抢险技能，熟悉应急预案，保证通信畅通。

⑫完成领导交办的其他任务。

十、运行工岗位职责

①每 2 h 巡视工艺区一次，检查站内所有设备（包括阀门、流量表、过滤器、调压器、压力容器、加臭等设备）是否运行正常，发现异常问题（隐患）及时上报，并采取应急措施进行处理。

②负责站内所有设备的安全消防检查和当班环境卫生工作。

③负责对调压设备运行压力的监控工作。

④负责登记设备运行原始记录并进行计算，建立档案。

⑤执行运行调度指令，调整调压器启闭和操作设备。

⑥负责保管操作工具。

⑦负责设备、设施的日常维护保养工作。

⑧完成领导交办的其他任务。

十一、电工岗位职责

①负责保证公司用电设备及照明电路的正常运行，及时维修保养，消除事故隐患。

②负责配电盘的监控工作，并做好原始记录。

③负责用电峰谷调节工作，并做好原始记录。

④参与动力设备的安装调试工作。

⑤负责公司所有供电设备的巡视检查和当班环境卫生工作。

⑥完成领导交办的其他任务。

十二、计量员岗位职责

①严格遵守企业安全管理制度及本岗位安全操作规程，不违章作业，对本岗位安全工作负责。

②积极参加班组安全活动，自觉接受安全教育培训，增强自身安全意识及防护能力。

③负责控制设备或仪表备件更换、新设备安装后应按照项目验收的有关办法填写记录。

④对站内所有计量检测设备及其运行维护情况按规定的格式记录于专业设备电子技术档案中，并对设备故障的处理情况进行跟踪记录。

⑤跟踪本站计量检测设备的检定（校准）状况，对于到期的强制检定计量检测设备，需外检的提前一个月上报管理处主管部门；对于

自检的强制检定计量检测设备和非强制检定计量检测设备的校准工作需按照计划在其有效期内完成自检和校准工作，以保证计量检测设备符合检定要求。

⑥负责本站计量检测设备的标识管理工作。

⑦负责本站计量检测设备的维护保养工作，对于不能解决的问题及时上报，保证计量系统设备的完好率，保养到位。

⑧配合有关人员对交接计量系统进行周期检定及标定。

⑨严格执行调控中心下达的有关计量的调度令，谨慎操作，按时巡回检查，把事故隐患消灭在萌芽状态，对于更换、有问题、损坏计量检测设备及时上报。

⑩按规定着装上岗，妥善保管、正确使用各种劳动防护用品和消防器材，做好本岗位的防火、防爆工作。

⑪完成领导交办的其他临时性的工作。

十三、通信设备管理员岗位职责

①负责本站所有通信设备、器件、机线等设备完好无损及工作正常。

②负责所辖设备的相关技术档案，资料管理及保管工作。

③负责建立包括备品备件在内的所辖设备的管理台账并及时录入计算机存档。

④参加自控通信信息分公司通信专业组织的各种技术培训，并达到培训要求。

⑤负责维护本站的电话及备用路由，及时与电信部门联系处理出现的故障，及时交纳电话及备用路由的费用。

⑥负责本站通信配备工器具的维护保养及更新工作。

⑦通信设备的返修及检测、报废及更新等工作。

⑧在汛期、冬季来临之前，对通信设备做全面、彻底的检查，并分别于当月将检查结果报至管理处。

第三节　燃气输配场站管理制度

建立完善的规章制度是基础管理的首要任务，没有规矩不成方圆，建立切实可行的规章制度是保证各项生产活动有序进行的前提。制度是规范我们各项活动的行为准则。场站有许多工作要做，哪些工作必须做，哪些工作不能做，都要有明确的制度约束，使场站每个员工明白自己的责任，若不履行会受到制度处罚，做到制度明确，责任清晰。输配场站管理制度包括安全生产责任制、设备维护保养制、日常巡检制度等。

一、安全检查制度

1. 检查内容

检查安全思想认识、安全管理工作开展情况、制度执行情况、燃气设备运行状况、安全设施情况、员工安全保护意识、各种事故隐患、劳动安全作业环境、事故处理情况。

2. 检查形式

（1）全面安全大检查

①由公司安全部组织有关部门人员组成检查小组。

②结合输配场站实际情况及节假日、气候变化、季节等特点组织检查。

③检查重点内容为输配场站的安全设施配备情况及维护记录，检查基础档案、台账和事故隐患。

④检查组发现隐患，应及时下发整改通知书，制定整改方案并组织落实，查出的较大事故隐患应上报安全保卫部备案。

（2）月度安全例行检查

①由管网运行部负责人、安全员、技术员、设备管理员等联合组成安全例行检查组，对重点要害部位、燃气设施进行检查。

②每月组织一次，可与全面安全大检查并检。

③检查重点是检查员工的安全意识、制度执行情况、施工现场及燃气设备运行状况、安全设施运行情况、员工安全保护意识、各种事故隐患、劳动安全作业环境，以现场察看为主，检查组对发现的问题要求各班组、站点限期整改。

（3）周安全检查

①检查小组由输配场站站长、班长、专（兼）职安全管理员等组成，各自对责任区进行周安全检查。

②每周组织一次，可与月度安全例行检查并检。

③检查现场，发现隐患及时整改，提出安全管理合理化建议。

（4）安全突击检查

①运营管理部门按照布置或自行组织进行专项抽查。

②时间不定，可与月、周安全检查并检。

③抽查重点是检查制度执行情况、燃气设备运行状况及现场查阅基础资料和台账，了解布置的任务完成情况，形成专项检查报告。

（5）日常安全检查

①安全管理员对燃气设备的安装、调试、验收、试运转、保养、检修、大修及停产，必须进行安全监督检查。

②设备管理员根据部门实际，对特种作业、特种设备、特殊场所

要建立自查制度，对储气瓶组等压力容器、锅炉、运输车辆等要进行定期与不定期专业检查。

③岗位操作工在各自业务范围内，应经常进行岗位安全检查，抵制违章指挥，杜绝违章操作，发现不安全因素应及时上报有关部门解决。各级领导对上报的隐患必须认真予以处理。

3. 安全检查工作的基本要求

①各类检查必须使用专用检查表，如实填写。

②各类检查应有工作记录，检查中发现的问题，应开具《隐患整改通知单》，制定整改期限，制定整改方案，落实整改人员，并将整改结果上报。

③运营管理部门要建立检查档案，收集基础资料，掌握部门整体安全状况，及时消除隐患，实现安全工作的动态管理。

二、巡视检查制度

1. 巡检内容

（1）日检

①设备有无跑、冒、滴、漏情况，如有问题及时处理。

②加气岛：管路连接部位有无漏气现象，接地线是否牢固，加气软管的放置是否合理。

③增压系统、气动系统及槽车：检查管路连接部位、各阀门有无漏气、漏油现象，并记录压力、温度、油位等参数，各零部件是否牢靠。

④消防器材：各处消防器材是否齐备、灭火器压力是否合格。

⑤各部位卫生情况：由班长巡查，协调各班长做好卫生工作。

⑥在值班记录上详细记录检查情况。

（2）周检

①完成日检应检查的内容。

②增压系统和气动系统：设备的清洁卫生情况；工艺管道及设备有无漏气；工艺管道及设备上所有阀门是否灵活可靠；各种计量表、压力表、温度计是否准确完好。

③仪表间：配电柜、中控台上仪表、指示灯是否正常完好；配电柜内电源裸露部位是否有异物；各触点接触是否灵敏。

④调压间：所有设备管道的查漏（用肥皂水）；所有阀门启动是否灵活；报警器、轴流风机是否灵敏。

⑤消防设备：消防栓、消防水带、灭火器是否齐备；消防栓、消防水泵启动是否正常；检查时对消防设备进行清洁整理。

⑥在值班记录上详细记录检查情况。

⑦周检一般在周一进行。

2. 巡检方法

应按巡回检查路线处、点检查，同时携带便携式可燃气体检测仪器检漏，并做到看到、听到、摸到、闻到。

3. 巡检过程

检查时一旦发现异常情况应及时处理，对生产影响较大而处理不了的情况应及时向领导汇报。

4. 巡检结束

应将巡回检查及事故处理情况详细认真地填写在《巡检记录》上，并编辑表格，内容有故障点、故障原因、整改人、时间、效果。

三、交接管理制度

1. 交接前的准备

交班人员，应在交接班前 10 min，对设备的运行情况做一次认真全面地检查和调整，且必须具备下列条件才能交班：

①当天所有设备运行的参数都在正常的范围（温度、压力、振动等）内。

②各阀门、旋塞都处于正常的开闭状态且开闭灵活，仪表灵敏可靠。

③各工器具配件的摆放按照部门的《定置管理制度》执行，打扫工作现场保持现场干净平整。

④各种记录填写正确、清楚、无遗漏。包括本班次内发现并处理了哪些隐患问题、遗留问题，重点应注意哪些问题。

⑤清点交接工具。

⑥当班人员应该完成本班次的任务，本班次发生的安全隐患应该在本班次内完成，如有客观问题无法处理应及时向部门领导汇报并向下一班人员交代清楚，如本班人员将应该解决又能够解决的问题无故留给下一班人员，或接班人实地检查设备运行工况与交接提供的情况不符合、不清楚时，接班人有权拒绝交接，并及时向部门领导反映。

⑦在交接班过程中出现的问题和事故，由交班人负责。在接班人员签字接班后，所发生的一切问题及事故由接班人员负责。

⑧运行交接班记录必须书写工整，不得用铅笔填写，并要妥善保存好，不得涂改、撕毁，定期上交部门保存以备待查。

2. 接班人员要求

接班人员应该按规定的时间提前 10 min 到达本岗位，做好交接班的准备工作，接班人必须仔细查阅交班记录，认真听取交班情况介绍。

3. 交接班内容方式及要求

交接班人员应按"三一"（数据要一个一个交接、工具要一件一件交接、设备要一台一台交接）、"四到"（该走到的要走到、该听到的要听到、该闻到的要闻到、该摸到的要摸到）、"五报"（报检查部位、报部件名称、报生产状况、报存在的问题、报应采取的措施）要求，共同到现场逐台设备检查下列情况：

①运行参数是否在正常范围。

②各安全附件、仪表是否灵敏可靠。

③现场有无跑、冒、滴、漏现象。

④监控设备运转正常。

交接班过程中如发现异常，共同处理完成后方可继续交接。交接无误后，交班人员和接班人员在记录本上填写交接记录，并签字确认交接完成。交接班仍存在疑义时，交班人员不得擅自离开岗位，直至无疑义，接班人员签字后，方可离开。

四、运行值班管理制度

①运行执行 24 h 值班制度。

②运行值班管理采用"四班三运转"或"四班两运转"，根据公司实际情况确定。

③运行值班人员接受调度指令，并按指令正确操作，指令存档并反馈执行信息。

五、运行值班人员报告制度

①接班后 1 h 内，将场站各项运行工况、设备运行状况及有关任务完成情况报告调度中心主任。

②当班中发现设备异常，或参数异常等其他异常问题立即报告调度中心主任。

③下班前 1 h 内，将场站各项运行工况、设备运行状况，以及有关任务完成情况、有无其他异常报告调度中心主任。

④各项报告做好记录并存档。

六、标志标牌管理制度

①安全标志是指在人员容易产生错误而造成事故的场所，为了确保安全，提醒人员注意所采用的一种特殊标志。

②安全标志对生产中的不安全因素起警示作用，以提醒所有人员注意不安全因素，预防事故的发生。

③公司在生产、施工、运营过程中必须按国家、行业有关规定及视现场安全情况设置必要的安全标志。

④重点防护部位、作业点必须设置安全标志。

⑤安全标志不得随便挪动、破坏。

⑥定期检查安全标志，及时更换、维修标志。

⑦HSE 管理办公室负责对各加气站安全标志进行检查、监督，对没按规定树立安全标志的加气站进行处罚，并限期整改。

七、消防消控管理制度

①建立健全消防组织，明确防火责任人，并报上级部门备案，人员变动时，要及时补报。

②成立义务消防员，按计划组织灭火演习、训练，根据情况每年不少于四次。

③按时认真检查消防器材、消防水量，每天检查一次，水量不足

时要及时补上。

④消防水泵每年 6—9 月试运行一次，每年 10 月—次年 5 月每两个月试运行一次。

⑤消防泵、消防给水管在冬季试运转后必须及时把水排净防止冻坏设备管线。

⑥喷淋水泵系统，每年 5 月中旬—6 月上旬检查一次。

⑦消防水带、水枪、大闸扳手应时刻保证完好，专人负责整理，不准挪作他用，消防演习后，要把水带刷净晒干，每年检查一次。

⑧消防枪每年 10 月上旬开始保温，春季进行处理，不准埋压、圈占，个人负责的消防器材必须按规定维护、护理。

八、特种设备管理制度

1. 总则

①为了加强燃气输配场站特种设备的安全监督管理工作，预防特种设备事故，保护人身和财产安全，促进燃气企业生产经营健康发展，根据国务院《特种设备安全监察条例》（国务院令 第 373 号）、国务院《关于修改〈特种设备安全监察条例〉的决定》（国务院令 第 549 号）等有关法规及公司《安全生产管理程序》《安全生产责任制》等规章制度，制定本管理标准。

②本标准规定了燃气企业范围内特种设备及所属部件的采购、安装、登记注册、使用、检验、改造维修等方面安全监督管理应遵循的原则。

③本标准适用于燃气企业所属各输配场站，有关条款也适用于在企业管线、装置区内施工服务的单位。

④本标准中所指特种设备包括锅炉、压力容器（包括气瓶）、

压力管道、厂内机动车辆、各类起重机械、安全附件、安全保护装置等。

2. 职责

①企业质量安全环保部负责特种设备使用的安全监督，监督特种设备的合规使用。

②企业生产运行部负责将特种设备纳入设备的统一归口管理，特种设备的安装、使用、检验、修理等还应执行国家现行法规及标准的规定。

③企业项目管理部负责特种设备的设计管理及特种设备的安装施工管理，设计、安装施工要符合特种设备国家现行法规及标准的规定。

④企业采办部负责特种设备的采购管理并确保供货商提供的技术资料按照公司档案管理有关规定及时归档和移交至特种设备的使用单位，采购过程要符合特种设备国家现行法规及标准的规定。

⑤企业财务部负责特种设备的资产（价值）台账管理。

3. 特种设备的设计、选型与采购

特种设备的设计单位，必须持有省级以上（含省级）主管部门批准，并在同级政府特种设备安全监察机构备案的设计资格证书，方准设计相应的特种设备。特种设备的设计总图上，必须盖有设计单位设计资格章及有关审查备案章，否则无效。

特种设备的选型由设计管理部门或使用单位提出，公司生产运行、工程技术、安全部门审核，所选特种设备必须为有相应资质的单位制造和安装。

特种设备制造单位需按照公司《市场准入管理办法》有关要求，取得公司"市场准入证"后方可签订供货合同。

进口锅炉、压力容器的国外厂商,必须取得中华人民共和国行政主管部门签发的"制造许可证"。企业进口锅炉压力容器的单位不得与未取得"制造许可证"的国外锅炉、压力容器制造厂商及其代理商签订进口合同。进口特种设备时,必须明确中国境内注册的代理商,并由代理商承担相应的质量和安全责任。该代理商必须持接受委托代理和在中国境内注册的证明材料,到所在地省级特种设备安全监察机构备案。进口锅炉、压力容器的采购应符合国家《进出口锅炉压力容器监督管理办法》有关要求。进口的特种设备必须符合我国有关特种设备的法律、行政法规、规章、强制性标准及技术规程的要求。

特种设备的到货验收,由采购部门组织,使用单位、监理单位、施工安装单位、设备供应商具体实施,必要时设计单位和公司业务主管部门参加,按照有关程序进行验收。验收时,设备供应商应提供安全技术规范要求的设计文件、产品质量合格证明、安装及使用维修说明、监督检验证明等文件,并将这些文件一并提交给使用单位。进口特种设备的随机文件必须有中文注释或中文版文件。

4. 特种设备的安装、检修和改造

特种设备的安装、检维修及改造应严格执行国家特种设备安全监察的有关规定并符合公司施工管理规定有关要求。特种设备安装、检修或改造单位和人员必须具备相应资质,安装、检维修及改造要有完整的方案并经过公司审批。凡进入公司范围内从事特种设备安装、修理、改造及现场组焊的施工单位,必须取得公司"市场准入证"后方可录用。

锅炉、压力容器的修理分为重大修理和一般修理。

锅炉重大修理是指锅筒(锅壳)、炉胆、回燃室、封头、管板、下脚圈、集箱的更换、挖补,主焊缝的补焊,炉墙整体砌筑,管子膨胀节改焊接，以及大量更换受热面管（工业锅炉一次更换水冷壁管或流管束数量不小于 30%，过热器或省煤气管束数量不小于 50%）。

压力容器重大修理是指主要受压元件的更换，主要受压元件的矫形、挖补，主要受压元件 A 类、B 类焊缝的补焊。

一般修理是指重大修理以外的其他涉及锅炉、压力容器安全运行的修理。

锅炉、压力容器的改造分为重大改造和一般改造。

锅炉的重大改造是指改变锅炉结构，改变锅炉受热面配比，改变运行参数，改变燃烧方式，蒸汽锅炉改热水锅炉等。

压力容器的重大改造是指改变压力容器的主要受压元件、结构、介质、用途等。

一般改造是指重大改造以外的涉及锅炉、压力容器安全运行的改造。

锅炉、压力容器重大改造的设计，应由有相应资质的单位进行。

特种设备的安装、修理、改造（其中锅炉、压力容器指重大修理、改造，涉及受压元件焊接一般修理改造，炉墙砌筑）施工单位，在施工前，应提交下列资料到公司设备管理部门办理审批手续。同时，应以书面形式将拟进行的特种设备安装、修理、改造情况告知所在地直辖市或设区的市特种设备安全监督管理部门。施工单位必须做出完整的施工方案，并由使用单位及公司生产运行、工程技术、质量安全环保部门审核，同意后方可开工。

档案包括：

①《锅炉压力容器安装、维修、改造审批单》《起重机械安装、维修、改造审批单》；

②施工方案及有关的工艺文件；

③设备的技术档案（含修理、改造前的检验报告）；

④受压元件材料质量证明；

⑤新建、扩建、改建特种设备平面布置图及标明与相邻建筑物距

离的总体平面图。

特种设备安装、修理、改造工程手续审批合格后，施工单位应携带要求的资料到检验单位报检。在施工过程中，施工单位对监督检查人员发出的《监督检查工作联络单》或监督检查单位发出的《监督检查意见通知书》，应当在规定的期限内处理并书面回复。

施工单位在工程审批后，不得将工程转包给其他单位或个人。

施工单位在施工前和施工过程中，应按有关规定、程序进行，服从现场的健康安全与环境（HSE）管理要求。使用单位在与施工单位签订工程服务合同时，应同时签订 HSE 合同，明确各自的 HSE 责任。施工单位在发现存在影响安全使用质量的问题时，应停止施工，并及时逐级上报，待处理合格后，方可继续施工。

特种设备安装、修理、改造工程总体验收前，施工单位应将施工资料提前三天报检验单位审查。检验单位检验合格后出具安全质量监督检验证书。

公司根据检验部门出具的安全质量监督检验证书，由使用单位组织，公司工程技术、生产运行、质量安全环保等部门参加，按公司有关项目验收程序进行验收。

工程验收合格后，由组织验收单位签发《特种设备安装、维修、改造工程验收单》，未签发验收单的工程项目，财务部门不予结算。

工程验收合格后 30 日内，施工单位应将安装、修理、改造质量证明书和其他施工文件一同交使用单位存档。未经监督检验合格的不得交付使用。

5. 特种设备登记及使用管理

特种设备使用单位应当严格执行《特种设备安全监察条例》和有关安全生产的法律、行政法规的规定，保证特种设备的安全使用。特种设备使用单位的主管领导，须对特种设备的安全技术管理负责。特种设备使用单位应指定具有特种设备专业知识的工程技术人员，负责特种设备的安全技术管理工作，并建立健全各种规章制度。特种设备使用单位应当制定特种设备的事故应急措施和救援预案，并将其纳入公司事故应急预案中。

使用单位应建立特种设备使用登记台账和登记表，实行电子化管理，使工作高效、准确；特种设备还应逐台进行编号（安装地点自编号或叫设备位号）。

特种设备使用单位应当建立特种设备安全技术档案。

安全技术档案应当包括以下内容：

①特种设备的设计文件、制造单位、产品质量合格证明、使用维护说明等文件，以及安装技术文件和资料；

②特种设备的定期检验和定期自行检查的记录；

③特种设备的日常使用状况记录；

④特种设备及其安全附件、安全保护装置、测量调控装置及有关附属仪器仪表的日常维护保养记录；

⑤特种设备运行故障和事故记录。

各使用单位要加强对特种设备的使用与管理工作。

做到登记、注册、办理使用证100%，定期检验100%，安全附件检验100%。

特种设备检验是一项强制性检验工作，公司设备管理部门应制定年度特种设备检验计划，各使用单位按照公司下达的特种设备检验计划逐级落实，并纳入生产计划，按规定时间和检验规则要求做好检验前的准备工作。对清理易燃、易爆、有毒、有害介质的特种设备，必须制定可靠的安全措施；进入设备内部清理、检验时，应严格按照公司作业许可程序进行管理。

特种设备出厂铭牌、注册铭牌应裸露，不得涂漆、损坏，且固定在设备显著位置上。

使用单位应向特种设备安装、修理、改造施工单位提供设备的原始资料，派专人配合施工单位和检验单位工作。现场施工管理人员应对隐蔽工程进行检查确认，并及时在施工质量文件上签字。

使用登记。按照有关规定，特种设备投入使用前或投入使用后30日内，使用单位应向当地直辖市或设区的市特种设备安全监督管理部门办理注册登记手续，否则不得使用。使用证的办理须准备以下资料：

①产品质量合格证；

②产品安装、使用说明书、计算书；

③产品竣工总图；

④特种设备技术档案；

⑤产品制造安全监督检验报告；

⑥安装质量安全监督检验报告书；

⑦安全管理规章制度、操作规程及特种人员操作证；

⑧进口设备安全性能监督检验报告书；

⑨在用特种设备超过使用证有效期，且检验合格；

⑩特种设备技术档案；

⑪特种设备检验报告书；

⑫安全附件校验报告；

⑬修理、改造产品质量证明书及监督检验证明书。

在用、新增及改装的厂内车辆应由使用单位建立厂内车辆档案，经有关安全检测部门检验合格，核发牌照后方可使用。

特种设备的原始资料及检验、修理、改造记录由使用单位保管，要建立健全特种设备台账及档案，并上报公司设备管理部门备案。

特种设备使用单位应对同一个场站的同种设备编制一份操作规程，并报生产运行处和质量安全环保处审核，操作规程要严格执行，其操作人员必须取得相应的操作证，操作人员的培训、取证工作由人事部门统一管理。其操作规程要明确提出特种设备安全操作要求，其内容至少包括：

①特种设备操作工艺指标（如最高工作压力、最高或最低工作温度、最大起重量等）；

②特种设备的岗位操作方法（含开车、停车操作程序和注意事项）；

③特种设备在运行中应重点检查的项目和部位，运行中可能出现的异常现象和防治措施，以及紧急情况的应急措施和报告程序；

④特种设备停用时的封存及保养方法。

锅炉、压力容器的清洗工作必须由具有化学清洗资格的单位承担，并依据公司《市场准入管理办法》办理市场准入证后方可承担清洗工作。

化学清洗前施工单位应持下列资料到设备使用单位办理审批手续。

①清洗方案及"两书一表"；

②现场施工人员名单，化验员、操作员证件；

③《化学清洗审批单》。

审批合格后化学清洗单位到检验单位报检，化学清洗验收工作由使用单位组织，并与检验工作一并进行。验收合格后签发《锅炉压力容器化学清洗验收单》。

停用一年以上重新启用的特种设备，使用单位应以书面形式向公司设备管理部门报告，由检验部门检验合格后，方可投用。超过有效使用期限的特种设备严禁使用。

因特殊情况不能按期进行检验的特种设备，使用单位必须说明理由，并提前三个月提出申报，经单位主管领导批准，由原检验单位提出处理意见，公司生产运行处、质量安全环保处审核同意，地方特种设备安全监督管理部门批准后，方可延长，延长期限一般不超过12个月。

凡进入公司进行特种设备检验和安全附件校验的单位，依据公司《市场准入管理办法》办理市场准入证，未取得市场准入证的检验、校验单位，不得在公司范围内从事特种设备的检验或校验工作，财务部门拒付检验、校验费。

在公司场站、阀室内或管线上从事施工的单位，其特种设备必须是完好的，取得准用证并由有相应操作证的人员按操作规程进行操作，否则将视为违约行为，施工单位不得拒绝公司有关部门对上述要素的检验和监督。

特种设备在使用中如发现问题，对安全使用可能造成危害时，必须停止使用，待检验检修合格后方可使用，对特种设备安全监督管理部门认定的有安全危险的设备，任何人不得强制要求操作人员进行操作，否则将承担相应责任。

特种设备使用变更。改变特种设备的使用时，使用单位应按照《锅炉压力容器使用登记管理办法》（国质检锅〔2003〕207 号）有关规定执行，同时应符合公司《变更管理程序》有关要求。

特种设备报废。经检验确认报废的特种设备，使用单位应根据检验（测）单位的检验报告，到公司资产管理部门办理报废审批手续。

6. 特种设备检验管理

特种设备按国家规定的期限进行检验，由设备使用单位委托具有相应资质的检验机构开展检验工作。

压力容器检验周期按照国家关于压力容器检验的有关规定，分为外部检查、内外部检验及耐压试验。

外部检查是指在用压力容器运行中的定期在线检查，每年至少一次。

内外部检验是指在用压力容器停机时的检验。其检验周期为：

①安全状况等级为 1 级、2 级的，每 6 年至少一次；

②安全状况等级为 3 级的，每 3 年至少一次；

③投用后首次内外部检验时间为投用后 3 年内进行，以后由检验单位根据前次内外部检验情况确定。

耐压试验是指压力容器停机检验时，所进行的超过最高工作压力的液压试验或气压试验（试验按有关要求进行）。对固定式压力容器，每两次内外部检验期间内，至少进行一次耐压试验，对移动式压力容器，每 6 年进行一次耐压试验。外部检查和内部检验内容及安全状况等级，按照《在用压力容器检验规程》有关要求执行。

起重机械应按年度、与有资质及能力的维修单位签订维修协议，进行日常维护和检查，保证设备的安全运行。

第四节 燃气输配场站特种作业管理制度

一、起重吊装作业管理制度

1. 起重吊装作业一般安全管理规定

①各种起重吊装作业前，应由作业负责人办理安全作业许可，吊装现场设置安全警戒标志并设专人监护，非施工人员及车辆禁止入内。

②吊装时，夜间应有足够的照明，室外作业遇到大雪、暴雪、大雾及六级以上大风时，应停止作业。

③起重吊装作业人员必须佩戴安全帽，高处作业时遵守高处作业安全规定。

④吊装作业前必须对各种起重吊装机械的运行部位、安全装置及吊具、索具进行详细的安全检查，吊装设备的安全装置要灵敏可靠。吊装前必须试吊，确认无误后方可作业。

⑤作业中，必须分工明确，坚守岗位，并按起重吊装指挥信号统一指挥。

⑥严禁利用管道、管架、电杆、机电设备等作吊装点，未经审查批准，不得将建筑物、构筑物作为锚点。

⑦任何人不得随同吊装重物或吊装机械升降。在特殊情况下，必须随之升降的，应采取可靠的安全措施，并经过现场指挥人员批准。

⑧起重吊装作业现场如需动火，严格执行《动火作业安全管理规定》。

⑨起重吊装作业时，起重机具包括被吊物与线路导线之间应保持安全距离：1 kV 以下的距离应≥1.5 m；10 kV 的距离应≥2 m；35 kV 的距离应≥4 m。

⑩起重吊装作业时，必须按规定负荷进行吊装，严禁超负荷运行，所吊重物接近或达到额定起重吊装能力时，应检查制动器，用低高度、短行程试吊后，再平稳吊起。

⑪悬吊重物下方及吊臂下严禁站人、通行和工作。

2. 起重吊装"十不吊"规定

①起重臂和吊起的重物下面有人停留或行走不准吊。

②起重指挥应由技术培训合格的专职人员担任，无指挥或信号不清不准吊。

③钢筋、型钢、管材等细长和多根物件必须捆扎牢靠，多点起吊。单头"千斤"或捆扎不牢靠不准吊。

④多孔板、积灰斗、手推翻斗车不用四点吊或大模板外挂板不用卸甲不准吊。预制钢筋混凝土楼板不准双拼吊。

⑤吊砌块必须使用安全可靠的砌块夹具，吊砖必须使用砖笼，并堆放整齐。木砖、预埋件等零星物件要用盛器堆放稳妥，叠放不齐不准吊。

⑥楼板、大梁等吊物上站人不准吊。

⑦埋入地面的板桩、井点管等及粘连、附着的物件不准吊。

⑧多机作业，应保证所吊重物距离不小于 3 m，在同一轨道上多机作业，无安全措施不准吊。

⑨六级以上强风区不准吊。

⑩斜拉重物或超过机械允许荷载不准吊。

3. 电动吊篮作业安全操作规程

①操作人员必须身体健康，并经过专业培训考试合格，在取得有关部门颁发的操作证后方可独立操作。学员必须在师傅的指导下进行操作。

②安装后进行下列各项检查试验，确认正常后，方可交付使用。

a. 检查屋面机构的安装，应配合良好，锚固可靠；悬臂长度及连接方式均正确。

b. 钢丝绳无扭结、挤伤、松散；磨损、断丝不超限；悬挂、绕绳方式及悬重均正确。

c. 防坠落及外旋转机构的安全保护装置齐全可靠。

d. 电机无异响、过热，启动正常、制动可靠。

e. 吊篮应做额定起重量125%的静超载试验和110%的动超载试验，要求升降正常，限位装置灵敏可靠。

③作业前应进行下列检查：

a. 屋面机构、悬重及钢丝绳符合要求；

b. 电源电压应正常，接地（接零）保护良好；

c. 机械设备正常，安全保护装置齐全可靠；

d. 吊篮内无杂物，严禁超载。

④启动后，进行升降吊篮动转试验，确认正常后，方可作业。

⑤作业中，发现运转不正常时，应立即停机，并采取安全保护措施。未经专业人员检验修复不得继续使用。

⑥利用吊篮进行电焊作业时，必须对吊篮、钢丝绳进行全面防护，不得用其作为接线回路。

⑦作业后，吊篮应清扫干净，悬挂于离地面 3 m 处，切断电源，撤去梯子。

4. 起重吊装作业许可证的办理

①吊装作业负责人须制定现场安全控制措施，明确作业人员和监护人员，并与起重吊装施工单位签订安全协议，审查起重吊装设备操作人员的操作证书。

②作业负责人填写《起重吊装作业许可证》，将上述资料附后报部门负责人审批。

③如果作业场所由非作业部门为责任主体，还需向作业场所的责任部门负责人进行报批，审批人可根据需要指派人员进行现场监护。

④许可证办理后，作业负责人须在作业前向作业人和监护人进行安全作业方案交底。

⑤一份作业许可证只能许可一处作业，最长许可作业时长不超过 8 h。超时作业须重新申办许可证。

⑥作业结束后，作业负责人确认现场无遗留隐患后，于 3 日内报批准人注销许可证。

⑦许可证及相关资料保存期不少于一年。

二、电工作业管理制度

1. 电工作业相关人员必须满足的条件

作业人必须具备的条件：
①年满十八周岁，有初中及以上文化程度；
②身体健康，无妨碍从事电工作业的病症和生理缺陷；
③电工必须取得《电工职业资格证》，并经公司内部考核合格后方可上岗操作。

监护人员必须具备下列条件：

①电气知识和岗位范围内电气设备的特性和情况；

②会触电急救方法。

2. 电工作业许可证管理

一级、二级电工作业须办理作业许可证。许可证办理程序与执行要求：

①作业许可证由作业人填写，报部门负责人批准；

②作业完成后由作业人报请批准人注销；

③填写好的许可证要认真审查，确认无误后才可执行；

④许可证的内容须现场相关人员都知晓后方可作业；

⑤操作程序必须按许可证中的顺序依次进行，不得跳项、漏项，不得擅自更改操作顺序；

⑥一份许可证（一个操作任务）应规定由一组人操作；

⑦许可证的最长批准作业时限为8 h，超时须续办后方可作业；

⑧大型电工作业须制定书面的作业方案并明确安全控制措施。

3. 电工作业监护要求

①一级、二级电工作业应设专人监护并填写监护记录；

②在作业中，监护人员不得从事操作或做与监护无关的事情；

③监护所有工作人员的活动范围，使其与带电设备保持规定的安全距离；

④监护所有工作人员的工具使用是否正确，工作位置是否安全，以及操作方法是否正确等；

⑤在作业中，监护人因故离开工作现场时，必须另行指定监护人，并告知工作人员，使监护工作不致间断；

⑥监护人发现工作人员中有不正确的动作或违反规程的做法时，

应及时纠正，必要时可令其停止工作，并立即向上级报告。

4. 作业安全管理的一般要求

①作业电工应掌握电气安全知识，了解岗位责任范围的电气设备性能；

②电工作业应按作业级别办理作业许可证；

③任何电气设备、线路必须断电后再进行检修；

④电工作业时必须悬挂安全警示牌；

⑤电工作业必须穿戴合格的绝缘鞋、手套和安全帽，穿长袖工作服；

⑥使用电动工具应遵守有关电动工具安全操作规程；

⑦工作人员在检修过程中，应精力集中，不得与他人闲谈，随时警戒异常现象发生，操作人应站在绝缘垫上；

⑧严禁在雷、雨、雪天及有六级以上大风时在户外作业，雷电天气禁止一切作业；

⑨未经部门负责人、设备、技术部门负责人许可和批准之前，电工不得改变电气设备的原有接线方式和结构；

⑩工作结束，应认真把电气设备使用问题向设备运行人员交接清楚，必要时，将有关事宜载入记录；

⑪非电工严禁进行包括拉接、拆除电焊机及其他电气设备的电源线等的用电操作；

⑫工期较长，需要多台临时用电器的作业项目，应安排专业电工人员到施工现场拉接、拆除电线。

5. 临时用电管理

①临时用电线路使用期限最长为 15 天，临时用电线路使用期满后，使用部门必须立即拆除，如需延期使用，必须在原使用期满前一

天办理延期使用审批手续，但累计使用期限一般不得超过 30 天。未办理延期使用手续的，不得超期使用。对使用到期的临时用电线路，安全技术环保处要进行监督检查，验证其是否按期拆除。

②临时用电线路的架设、安装必须符合安全要求，临时线路架设人员必须持有政府安监部门颁发的特种作业安全操作证。使用部门应在架设场所悬挂警示标志，并有专人监护、检查。

③对于公司内建筑施工现场所使用的临时线路，也应履行审批手续，但其使用期限可随施工工期确定。

④凡在非本部门的电源箱（柜）上连接临时电源线时，应事先征得电源箱（柜）所属部门的同意，方可接线。

⑤临时用电线路应指定专人负责管理，工作期间必须每天上岗巡查，工作完毕后应关闭电源。

⑥未办理临时用电审批手续和不符合安全技术要求的临时用电线路，以及到期未拆除的临时用电线路，均被视为违章临时线路。对违章架设、使用临时线路的部门将按照公司安全管理奖惩制度相关条款的规定进行处罚。

⑦如发现临时线路对人身或设备构成安全隐患时，应立即停电，并对存在的隐患进行处理。

⑧临时用电线路必须使用绝缘良好的橡皮护套软线，橡皮护套软线应无老化、无破损，线径必须与负荷相匹配，接头处要包扎可靠。

⑨临时用电线路必须沿墙或悬空架设，也可在地面敷设，线路悬空架设距地面高度：户内应大于 2.5 m，户外应大于 4.5 m，跨越通道应大于 6 m。沿地面敷设时应有防止线路受外力损坏的保护措施。

⑩临时用电设备必须有良好的接地（零）。其零线的截面应大于相线截面的 1/2，禁止直接利用大地作为零线。

⑪临时用电线路必须有一个总开关和漏电保护装置，每一个分路应设与负荷相匹配的熔断器。

⑫临时用电线路与其他设备、门窗、水管距离应大于 0.3 m，与广播线、电话线同杆架设时，临时用电线路应在广播线、电话线的下方，最小垂直距离大于 1 m。

⑬禁止在易燃易爆场所和禁火区域架接临时用电线路；禁止在树上或脚手架上悬挂临时用电线路。室外使用时控制箱（柜）应有防雨措施。

⑭临时用电线路应接在备用电源口，不得与在用电气设备并接在一路保险和开关上。

⑮使用手持电动工具等需延长或拉接临时线时，应规范使用相应标准线盘，使用自制简易接线板应符合安全标准的要求。

⑯已安装好的临时用电线路，未经同意不能任意改变或搭接。

三、高处作业管理制度

1. 一般规定

①凡患有高血压、心脏病、贫血症、癫痫病以及其他不适于高处作业的人员不许从事高处作业，酒后严禁从事高处作业。

②高处作业人员必须按要求穿戴完备个人防护用品，并能正确使用防坠落用品与登高器具、设备。

③高处作业人员应系用与作业内容相适应的安全带，安全带的拴挂不得低挂高用，安全带不得用绳子代替。

④进行高处作业时除特殊情况外不应交叉作业，因工程需要必须在同一垂直线上交叉作业时，必须采取可靠的隔离防范措施，防止坠物伤人。交叉作业时必须佩戴安全帽、携带工具袋。

⑤进行高处作业所需的工具、零件、材料等物品必须装入工具袋，人员升降时手中不得拿物品；必须在指定的路线上下传递物品，不准在高处扔掷物品；不得将易滚动、易滑动的工具及材料堆放在脚手架

上；工作完毕应及时将工具、零星材料、零部件等一切易坠落的物品清理干净，以防坠落伤人；传递大型零件时，须采用可靠的起吊工具。

⑥高处作业人员作业时，要距离普通电线 1 m 以上，普通高压线 2.5 m 以上，高压输电线 3 m 以上，并要防止运送导体材料时触碰电线，最好设置屏护遮栏。

⑦在吊篮内作业时，应事先对吊笼拉绳进行检查，吊笼所能承受的负荷有一定的安全系数保证，作业人员必须系好安全带并要有专人监护。

⑧使用临时爬梯时，梯子要坚固，放置要稳固，立梯坡度一般以 60°左右为宜，并应设防滑装置。梯顶无搭钩，梯脚不能稳固时必须有人扶梯。人字梯拉绳须牢固。金属梯不应在电气设备附近使用。

⑨进行冬季及雨雪天气的登高作业时，应采取可靠的防滑、防寒和防冻措施。水、冰、霜、雪均应及时清除。

⑩在自然光线不足或者在夜间进行高处作业时，必须有充足的照明。

⑪在石棉瓦、塑料（或薄板材料、轻型材料）屋顶上工作时，必须铺设坚固、防滑的脚手板，如果工作面有玻璃必须加以固定。

⑫进行高处作业时应避免过度负重，男性负重应≤15 kg，女性负重应≤10 kg。

⑬在条件允许或必要时，在高处作业的现场增设固定护栏设施、进出通道及安全网。

⑭发现高处作业的安全技术设施有缺陷和隐患时，应及时解决；危及人身安全时，应停止作业。

2. 特殊情况下的管理制度

如果发生紧急情况（如抢修、抢险）需要在 3 h 内进行高处作业时，不必办理高处作业许可证，但相关的安全管理措施仍应落实到位，安全作业及安全监督工作由作业责任单位负责。

当出现以下情况时应尽量避免高处作业，但如果必须进行作业时，许可等级提高一级，作业责任单位分管安全的负责人或上一级的管理人员应到作业现场进行指挥。

①阵风风力六级（风速 10.8 m/s）以上；

②现行国家标准《高温作业分级》（GB 4200）规定的 Ⅱ 级以上的高温条件；

③气温低于 10℃，且作业持续时间超过 2 h 的室外高处作业；

④自然光线不足，能见度差；

⑤近距离接近或接触危险电压带电体。

四、动火作业管理制度

1. 动火分析及安全防火要求

①凡是在易燃易爆装置、管道、储罐、窨井等部位及其他认为应进行分析的部位动火时，动火作业前必须进行动火分析。

②动火分析的取样地点要有代表性。

③进入燃气设备内部工作时，安全分析取样时间不得早于动火前 30 min，动火工作中每 2 h 必须重新取样分析。工作中断后恢复工作前 30 min，须重新取样分析，如现场分析手段无法实现上述要求，应由分级审批安全负责人签字同意，另做具体处理。

④如使用测爆仪或其他类似手段时，动火分析的检测设备必须经被测对象的标准气体样品标定合格，被测的气体或蒸气浓度应小于或等于爆炸下限的 20%。

⑤使用其他分析手段时，被测的气体或蒸汽的爆炸下限如果大于等于 4%VOL 时，可作业浓度须小于等于 0.5%VOL；如果被测的气

体或蒸汽的爆炸下限小于 4%VOL 时，可作业浓度应小于等于 0.2%VOL。

⑥停气动火作业前，应置换作业管段或设备内的燃气，并符合下列要求：

a. 采用直接置换法时，应取样检测混合气体中燃气的浓度，经连续三次（每次间隔约 5 min）测定均在爆炸下限的 20% 以下时，方可动火作业；

b. 采用间接置换法时，应取样检测混合气体中燃气或氧气含量，经连续三次（每次间隔约 5 min）测定燃气含量均在爆炸下限的 20% 以下、氧含量低于 2% VOL 时，方可动火作业；

c. 燃气管道内积有燃气杂质时，应充入惰性气体或采取其他有效措施进行隔离；

d. 停气动火操作过程中，当有漏气或窜气等异常情况时，应立即停止作业，待消除异常情况后方可继续进行；

e. 当作业中断或连续作业时间较长时，均应重新取样检测，方可继续工作。

⑦带气动火作业应符合下列要求：

a. 应设置燃气浓度检测器；当确认操作环境不会发生燃气爆炸时，方可带气动火作业；

b. 带气动火作业时，管道内必须保持正压，其压力须控制在 300～800 Pa，并有专人监控压力；

c. 新、旧钢管连接动火作业时，应先采取措施使新旧管道电位平衡；

d. 动火作业引燃的火焰，必须有可靠、有效的方法随时将其扑灭。

⑧进入设备内、高处等进行动火作业，还应同时执行相关作业许可规定。

⑨高处进行动火作业，其下部地面如有可燃物、空洞、窨井、地

沟、水封等，应检查并采取措施，以防火花溅落引起火灾爆炸事故。

⑩在地面进行动火作业，周围有可燃物，应采取防火措施。动火点附近如有窨井、地沟、水封等，应进行检查，并根据现场的具体情况采取相应的安全防火措施，确保安全。

⑪五级及以上风天气，禁止露天动火作业。因生产需要确需动火作业时，动火作业应升级管理。

⑫动火作业应有专人监护。动火作业前应清除动火现场及周围的易燃物品，或采取其他有效的安全防火措施，配备足够适用的消防器材。

⑬动火作业前，应检查电、气焊工具，保证安全可靠。

⑭使用气焊焊割动火作业时，氧气瓶与乙炔气瓶间距应不小于5 m，二者距动火作业地点均应不小于10 m，不准置于烈日下暴晒。

⑮动火作业现场的通排风要良好，以保证泄漏的气体能顺畅排走。

⑯动火作业完毕后，有关人员应清理现场，确认无残留火种后方可离开。

2. 职责

（1）动火作业负责人

动火项目负责人对动火作业全面负责，必须在动火作业前详细了解作业内容和动火部位及周围情况，确保动火安全措施的制定、落实，向作业人员交代作业任务和防火安全注意事项。

（2）动火人

承担动火作业的动火人，须具备相应的特殊工种作业资格证，并在《动火作业许可证》上签字。动火人接到《动火作业许可证》后，要核对证上各项内容是否落实，审批手续是否完备，若发现不具备条件时，有权拒绝动火，必要时可向风险管理部报告。

（3）监火人

监火人应由动火作业申请单位指定责任心强，有经验、熟悉现场、掌握消防知识的人员担任。必要时，也可由动火作业责任单位和动火区域安全责任单位共同指派。未划分管理权限的地点、设施动火作业，由动火作业责任单位指派监火人。监火人所在位置应便于观察动火和火花溅落，必要时可增设监火人。监火人负责动火现场的监护与检查，发现异常情况应立即通知动火人停止动火作业。在动火作业期间，监火人必须坚守岗位，动火作业完成后，应会同有关人员清理现场，清除残火，确认无遗留火种后方可离开现场。

3. 工作检查与整改

①公司安全管理部门应对公司所属部门进行定期、不定期的动火作业安全管理监督检查。

②检查必须坚持实事求是的原则，对每次治安检查的内容、发现的问题及处理的情况做好详细的记录。

③检查人员在进行动火作业安全检查时，发现存在安全隐患或安全措施未落实时，有权要求有关责任部门即时整改合格后方可作业。当安全隐患或安全措施不能及时进行现场整改时，检查人员有权责令作业责任单位停止作业，并下达整改通知书。

五、受限空间作业管理制度

1. 危害评估和安全准备

①在进行受限空间作业之前，作业负责人应对作业点可能存在的危害因素进行分析、评估，必要时进行前期踏勘、检测。

②作业负责人应根据受限空间所包含的危害特征，制定相应的安全控制措施，包括准备必要的设备、仪器及防护用品，并确保所准备的装备能够有效使用。

③作业负责人应明确作业人和监护人，按规定办理《进入受限空

间作业许可证》。

2. 现场作业安全控制措施

（1）隔离

通过封闭、切断等措施，完全阻止有害物质和能源进入受限空间。

（2）惰性气体清洗

①为防止受限空间含有易燃气体或蒸发液在开启时形成有爆炸性的混合物，可用惰性气体清洗；

②用惰性气体清洗受限空间后，在作业人进入或接近前，应当再用新鲜空气通风，并持续测试受限空间的氧气含量，以保证受限空间内有足够维持生命的氧气。

（3）通风

①为保证足够的新鲜空气供给，应持续强制性通风；

②通风时应考虑足够的通风量，保证能稀释作业过程中释放出来的危害物质，并满足呼吸供应；

③强制通风时，应把导风管道伸延至受限空间底部，有效去除重于空气的有害气体或蒸汽，保持空气流通；

④一般情况下，禁止直接向受限空间输送氧气，防止空气中氧气浓度过高导致危险。

（4）安全防护

进入受限空间的作业人员必须穿戴工作服、安全帽、工作鞋、全身式安全带等个人防护用品，在受限空间连续作业时间不应超过 1 h。

（5）区域防护

设置必要的隔离区域或警示标识，防止作业人受到外来因素的干扰和危害，同时也防止非许可人员进入受限空间。

（6）有害环境检测和防护

在进入作业空间之前必须进行相关项目的检测，在作业过程中一般每 30 min 内须进行一次检测，必要时，可持续监测或为作业人配备自动监测报警装置。在可能存在可燃气体的密闭环境作业时，现场必须配备不少于 2 具 8 kg ABC 干粉灭火器。

有害环境指在职业活动中可能引起死亡、失去知觉、丧失逃生及自救能力、伤害的急性中毒的环境，包括以下一种或几种情形：

①可燃性气体、蒸汽和气溶胶的浓度超过爆炸下限（LEL）的 20%；

②空气中爆炸性粉尘浓度达到或超过爆炸下限；

③空气中 O_2 含量低于 18%或超过 22%；

④空气中有害物质的浓度超过工作场所有害因素职业接触限值；

⑤其他任何含有有害物浓度超过立即威胁生命或健康浓度的环境条件。

常见有害环境控制标准和防护要求：

①当受限空间中 O_2 含量低于 18%或超过 22%时，作业人应佩戴空气呼吸器进行作业。

②当受限空间中 CH_4 或其他可燃气体（蒸汽）浓度超过爆炸下限（LEL）的 20%时，不得进入受限空间作业。当可燃气体（蒸汽）浓度低于爆炸下限（LEL）的 20%时，作业人员必须在符合防爆要求的情况下，保持作业空间的强制通风，方可进入作业空间。

③当 H_2S 浓度 > 10 mg/m³（7 ppm[①]），CO 浓度 > 30 mg/m³（24 ppm）时，作业人员必须在符合防爆要求的情况下，保持作业空间的强制通风，并佩戴呼吸器进行作业。

深坑作业时，根据工作坑的深度和土质情况，对坑壁进行有效支护，预防坍塌。对于积水较多的工作坑，须挖设深水井，并进行有效地抽水。

安全监护。每个作业点应不少于 1 人进行安全监护，必要时监护

---

① 1 ppm=10^{-6}。

人的数量可多于作业人员。在进行安全监护时应注意以下内容：

①受限空间的出入口内外不得有障碍物，应保证其畅通无阻，便于人员出入和抢救疏散；

②检查各项安全防护措施是否都得到有效落实，设备器材是否能够可靠使用；

③各项检测数据是否满足作业要求；

④在实际作业时，对出现预料之外的危害因素，做出合理的判断；

⑤进入受限空间作业每次连续作业时间不应超过 1 h，应适当安排轮换作业或间歇休息；

⑥当出现紧急状态时，监护人应立即要求和协助作业人撤离受限空间；

⑦当作业人员发生意外时，监护人应在确保自身安全的前提下最大限度地救助作业人，不得擅自进入受限空间，同时，依照相关应急程序报请救援。

第五章

燃气输配场站安全管理

　　燃气门站又称城市输配调压站，是天然气长输干线或支线的终点站，也是城市、工业区分配管网的气源站，在该站内接收长输管线输送来的燃气经过滤、调压、计量和加臭后送入城市或工业区的管网。燃气门站的安全平稳运行不仅关系到长输管线的安全运行、城市及工业区的用气安全，还关系到用气城市的安全稳定。因此，加强燃气门站的安全管理，保证场站连续安全平稳地供气，是燃气企业工作的重中之重。

第一节　燃气输配场站运行安全管理基本要求

　　场站运行安全管理本着"以人为本、预防为主；统一领导、分级负责；快速反应、平战结合"的原则。切实履行安全管理，把保障公众健康和生命财产安全作为首要任务，高度重视安全工作，常抓不懈，防患于未然。增强忧患意识，坚持预防与应急相结合，常态与非常态相结合，做好应对事故的各项准备工作。

统一领导下，建立健全分类管理、分级负责，条块结合、属地管理为主的应急管理体制，在燃气企业领导的带领下，实行行政领导责任制，充分发挥专业应急指挥机构的作用；加强以属地管理为主的应急处置队伍建设，建设一支训练有素、技术过硬的攻坚队伍，提高全体员工防范安全生产事故的意识，将日常工作、训练、演习和应急救援工作相结合。建立联动协调制度，充分动员各站的作用，依靠各站力量，形成统一指挥、反应灵敏、功能齐全、协调有序、运转高效的安全应急管理机制。

一、以人为本、预防为主

应不断加强燃气门站在岗人员的业务培训和技能培训，积极开展安全生产教育，提高业务素质，职工业务技能培训是关系企业长远发展的基础工作，开展职工技术业务培训，能够使职工具有良好的文化科学知识素质，具有较高的实践操作技能，适应燃气企业安全平稳供气要求的基本保证。具体要求如下：

根据"先培训，后上岗"的原则，坚持对新职工进行"三级"安全教育并考试，成绩合格者方能进入岗位。

对燃气门站在岗人员开展各种形式的再教育活动。

①每周一安全例会后集中学习、现场讲解、模拟操作，其内容主要包括：工艺流程、生产任务和岗位责任制；设备、工具、器具的性能、操作特点和安全技术规程；劳动保护用品的正确使用和保养方法；典型事故教训和预防措施。

②根据各输配场站的工作特点，开展轮班出题、答题的学习方法，可将《燃气输配运行工》培训教材作为题库，由上一班人员出题，下一班人员答题。对答题过程中出现的问题和争议利用每周安全例会后的集中学习时间解决。

③参加公司的各项再教育培训活动和消防演练活动。

不断完善抢险预案，定期组织职工在用气低峰时演练，增强在岗职工对突发事件的应急处理能力。

二、统一领导、分级负责

应不断加强生产运行管理和设备运行管理，严格按照安全技术规程和工艺指标进行操作，确保设备运转正常，不断强化安全生产管理工作，将燃气门站各项安全规章制度、岗位安全操作规程上墙公布，要求职工对照执行，使安全工作责任化、制度化。

落实防火责任制，认真做好消防检查：

①班组安全员、岗位值班人员每天要做到三查，即上班后、当班时、下班前要进行消防检查。

②夜班人员进行巡检，重点是火源、电源，并注意其他异常情况，及时消除隐患。

③做好节假日及换季的安全检查，每次重点检查消防设备和防雷、防静电设施。保持机具清洁可靠，处于良好状态。

实行岗位责任制，严格执行交接班制度，认真做好工艺区的日常维护与检查：在岗人员服从值班领导指挥，完成各项生产任务。

①经常巡视，对调压器的工况进行观察，注意噪声大小，有无漏气现象，切断阀是否关闭等。

②观察进、出口压力表读数及流量计读数，以便掌握燃气门站上下游负荷情况。

注意过滤器压差值以便及时更换滤芯，防止滤芯堵塞严重而导致杂物进入调压器或影响调压器进口压力。观察加臭装置，做好加臭装置的维护保养，必须使加臭装置运行良好。根据运行经验，定期通过各设备的排污阀排污；定期将各截断阀启闭数次。

　　做好运行记录，保证数据齐全、准确。当班人员遇到不能处理的情况时，及时向上级领导汇报，并详细做好记录。认真搞好岗位卫生，达到轴见光、沟见底、设备见本色，场地清洁、窗明壁净。

　　根据制订的设备维修计划和设备在线运行情况做好燃气门站的维修，保证设备完好率在规定范围：

　　①定期更换调压器、监控器、过滤器、切断阀及放散阀的全部非金属件。

　　②清洁这些组件的内壁和内部零件。

　　③检查各零件的磨损变形情况，必要时更换。

　　④定期对工艺区设备予以除锈补漆。

　　⑤设备安全阀、压力表、紧急放散阀等按规定定期校验。

　　⑥对故障设备及时维修更换。

三、探寻规律、反应灵敏

　　探索供用气规律，加强联系沟通，协调上下游关系；建设调峰设施，提高输气能力，确保安全平稳供气。城市天然气输配系统中的各类用户的用气量会随气候条件、生产装置和规模、人们的日常生活习惯等因素的变化而变化，但上游的供气量一般是均匀的，不可能完全随下游需用工况而变化。随着社会经济的快速发展，用气领域急剧扩大，用气结构不断变化，城市用气负荷及用气规律也随之不断变化。因此，准确可靠地掌握用气负荷及用气规律，采取各种措施解决调峰问题，对确保燃气供应可靠性和安全性是十分重要的。具体工作如下：

　　积极做好历史用气量的统计，对下游各类用户的用气量进行调查分析，掌握其用气规律，并根据市场发展现状及需求运用科学方法做出合理的预测。

根据实际运行情况与上游分输站和调度室及时沟通联系，为向城区安全平稳供气以及最大限度地发挥燃气门站在用气高峰期的调峰作用打好基础。

四、场站作业环境

1. 保持良好通风

保持设备及作业区的良好通风，能够做到作业人员不因缺氧而窒息，同时还能让燃气在设备及作业区的浓度不易达到爆炸下限。

2. 注意防火、防爆、防静电等点火源

天然气是易燃烧的气体，因此在天然气的输配场站区禁止吸烟、明火和使用非防爆的电气设备。天然气一般带压输配，以防止空气或其他气体串入。确保天然气设备远离明火和静电。绝对禁止在天然气输配场站区、维修区域吸烟。避免使用生热和有火花的非防爆工具，确实需要使用时，则需用便携式可燃气体检测仪先行检测，以确保安全。

3. 悬挂警示牌

在生产区及办公室和道路口等地方应悬挂警示牌。

五、场站防火防爆十大禁令

①严禁在站内吸烟、打电话及携带火种和易燃、易爆、有毒、易腐蚀物品入站。

②严禁未按规定办理用火手续，在站内进行施工用火或生活用火。

③严禁穿易产生静电的衣服进入生产区及易燃易爆区工作。

④严禁穿带铁钉的鞋进入油气区及易燃易爆区域。

⑤严禁用汽油等易挥发溶剂擦洗设备、衣服、工具及地面等。

⑥严禁未经批准的各种机动车辆进入生产区域及易燃易爆区。

⑦严禁就地排放易燃易爆物料及化学品。

⑧严禁在油气区内用黑色金属或易产生火花的工具敲打、撞击和作业。

⑨严禁堵塞消防通道及随意挪用或损坏消防设施。

⑩严禁损坏站内各类防爆设施。

第二节　燃气输配场站各岗位安全职责

一、燃气输配场站安全管理岗位构架

图 5-1 是燃气输配场站安全管理岗位构架图。

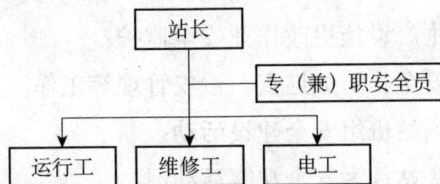

图 5-1　燃气输配场站安全管理岗位构架图

二、燃气输配场站安全管理岗位职责

1. 站长职责

①负责场站的安全生产管理，是场站安全管理第一责任人；

②负责公司的各项规章制度贯彻落实；

③组织召开班前、班后会议，每月组织召开一次站务会，协调解

决生产和其他方面存在的问题，传达公司安全生产管理要求；

④组织编写各种工作计划、总结；

⑤组织场站设备的维护、维修和保养，每周进行一次安全检查，确保各燃气设施的正常运行；

⑥组织安排站内人员进行业务学习和培训；

⑦负责场站的全面管理工作，并定期进行考评、考核；

⑧负责场站问题、隐患工作的上报及处理；

⑨组织开展场站班组安全建设活动；

⑩组织开展场站行为安全观察活动；

⑪完成领导交办的其他任务。

2. 专（兼）职安全员职责

①协助站长制订场站安全生产计划、设备维护保养计划；

②协助站长场站消防、安保设备检查、维护保养与一般性维修工作；

③负责场站生产设施更改作业安全监护；

④负责场站安全、防火巡查、治安管理等工作；

⑤协助开展场站班组安全建设活动；

⑥协助开展场站行为安全观察活动；

⑦完成领导交办的其他任务。

3. 运行工职责

①负责当班期间安全生产工作，做好场站巡检、每日防火巡查、治安等各项工作记录；

②负责做好场站设备、计量器具检查、维护保养与一般性维修工作；

③当班期间安全用电、用气、用水设施；

④负责生产区、绿化区及办公区的卫生清扫保洁工作；

⑤协助开展场站班组安全建设及行为安全观察活动；

⑥完成领导交办的其他任务。

4. 维修工职责

①严格执行设备操作规程；

②负责场站生产、生活设备设施的维修、维护管理，填写相关记录；

③负责特种设备、计量器具的拆装送检工作；

④配合突发事件的应急抢险工作；

⑤完成领导交办的其他任务。

5. 电工职责

①负责做好场站电气设施设备的巡视检查和维护、维修，确保设备运行状况良好，填写相关记录；

②负责场站配电设备设施的防火巡查、安保等工作；

③参加场站电气设备的大、中修和技术改造工作；

④停电或应急抢险等紧急情况下，负责应急电源的及时配送；

⑤负责本岗位卫生区清扫保洁工作；

⑥完成领导交办的其他任务。

三、燃气输配场站安全管理岗位要求

①场站工作人员应严格遵守公司、部门及场站的各项规章制度，对违反劳动纪律和治安管理规定的，应立即上报上级相关部门。

②工作期间按规定着装，正确使用劳动防护用品和做好个人安全防护工作。

③场站工作人员需按规定收集输配运行数据，每月将当月安全生

产报表上报部门主管。

④严格按照技术规程做好各种设备的检查、维护、保养工作。并按照各种特种设备的检测周期提出特种设备的检测申请，收集安全生产基础资料，整理、归档、保存。

⑤在场站内的施工作业，场站工作人员必须检查施工单位是否按公司要求办理了作业许可证、停气通知单，或按公司规定办理了准许进站等相关手续。确认其手续完整、有效后方可准许其进站施工，同时应按规定做好现场安全监护与配合协助工作。

⑥设备检修时，应事先制定检修方案，各工种应按其安全操作规程开展作业。进入危险场所作业时，必须办理作业许可证，并采取预防中毒、窒息、着火、爆炸、物体打击伤害等措施。

⑦场站主要生产设备确保完好，压力表、安全阀等安全附件定期检测。

⑧定期检查电力线路是否破损、漏电、短路，禁止超负荷运行和随意用其他金属线代替保险丝，严禁私拉乱接。

⑨做好消防设施的维护管理工作，保证消防设施状态良好，严禁堵塞、占用消防通道。发现消防器材失效、损坏、丢失等应及时处理、上报。

⑩保管好各种资料，不得毁坏、丢失、外借、转抄。外单位进站参观学习时，须持有关部门批准的介绍信方可接待，并做好登记，禁止外人留宿。

⑪车辆经许可方可进入场站，并按要求停放在指定区域。

第三节　燃气输配场站安全管理制度

安全管理就是一切设备设施和人的行为受控的管理，故本节分为两个部分：第一部分为物料及设备安全管理制度，第二部分为技术及作业安全管理制度。

一、物料及设备安全管理制度

1. 物料进入管理制度

①各种物料或设备进入天然气场站，保安人员应核对送货单，确认单货相符，无安全隐患时方可允许进入。运送危险物品进入天然气场站时，必须查看危险物品的外包装及防护措施是否齐全，如外包装破损，在未采取有效防护措施前，严禁入站。

②贵重特殊物料进入天然气场站，要查验有关部门负责人并验收签字，确认后再进入。

③进入天然气场站的送货车辆必须安装防火罩；进入天然气场站的送货人员必须关闭手机，交出打火机等易燃易爆物品。

2. 物料运出管理制度

①物料运出天然气场站时，安保人员应仔细核对发货单及出门证，做到单货相符，如有超发，应及时扣留超发物料并向仓库保管员反映情况；贵重物品出天然气场站，应有物资部经理、贵重物品所属部门负责人签字确认方可放行；如有未经许可私自将公司物料运出天然气场站的情况，安保人员应及时扣留并向安全技术部人员反映情况。

②安保人员对运出天然气场站的物料或物品应仔细检查，防止夹带出站，非出库单上所列物料严禁出场站；对出闸证有怀疑时应向发货人员询问，确认无误后放行。

③物料没有出库单及出门证一律不得出天然气场站。

④领取物料车辆出天然气场站时，安保人员应收回防火罩、出入证，交还手机、打火机等物品。

⑤对于相关部门专用物品的领用必须有物资部门负责人、使用部门负责人、领用人签字确认，安保人员方可放行。

3. 设备管理制度

（1）一般规定

①场站设备管理、大修、更新改造、日常维护保养等应按照公司设备管理制度执行；

②设备上的铭牌应保持本色、完好，不得涂色遮盖，"开/关"指示醒目清楚，阀门应设置"开"或"关"的标志牌；

③场站设备运行应遵守有关规程的规定，不应超压、超速、超负荷运行，重要设备应有安全保护装置；

④场站设备应建立设备档案，档案内容如实记录设备名称、规格、型号、安装、使用、更换、维护保养以及现状等情况；

⑤设备零配件特别是易损件应满足运行要求；

⑥电工应严格遵守高危作业操作手册；

⑦站内防雷设施应处于正常运行状态。每年雨季前应对接地电阻进行检测，其接地电阻应符合现行国家标准《建筑防雷设计规范》（GB 50057）的"第二类"设计要求；防静电装置应符合现行国家标准《城镇燃气设计规范（2020版）》（GB 50028）的要求，每年检测不应少于两次；

⑧仪器、仪表、安全装置的运行维护、定期校验和更换应按国家相关规定执行。

（2）场站阀门及执行机构管理

①场站阀门及其执行机构表面刷漆统一、清洁，无锈蚀、无污物，阀门螺栓及铭牌不应刷漆；

②阀门应操作灵活，阀门在操作中无异常响动，各活动润滑部位应无干涩的感觉；

③阀门应无内漏；

④阀门状态位应指示正确、清晰；

⑤阀门与管道连接法兰间应干净、无锈蚀，并应加装保护塑料管，塑料管采用网格软管，应清洁、无油漆，方便拆卸；

⑥阀门排污嘴、注脂嘴等各密封点应无漏油（脂），顶部应不喷漆，且保持清洁；

⑦场站用的球阀，只作为全开全关操作，不应作为节流调节使用。

（3）压力容器管理

①场站压力容器的管理应按特种设备管理的有关规定执行；

②压力容器应具有使用登记证书；

③压力容器表面应清洁、无锈蚀、无污物，应按规定做防腐；

④压力容器各密封点应无外漏、无漏液；

⑤压力容器及附属设备应齐全、完好，并应在检验期之内；

⑥压力容器内部各部件应牢固、无变形，外部连接管件应无变形弯曲。

（4）场站机动设备管理

①设备应清洁、无油污、无锈蚀；

②各系统部位应密封良好，所有紧固件应统一，无松动、脱落；

③各转动及传动部位应润滑良好，无锈蚀；

④设备功能应完好，达到规定的设备使用要求；

⑤设备所有连接部位应无松动，紧固件应齐全牢固；

⑥设备所有的指示配套仪表应齐全，读数正确，仪表量程、使用条件等符合仪表使用的要求；

⑦设备的排污处理应符合国家有关环保要求。

（5）计量检测设备管理

①各场站应制定计量检测设备的周期检定表、校准计划表，依法管理的计量检测设备的检验（校准），执行相应的检定规程或校准

规范；

②各种计量检测设备的使用，应严格遵守操作规程；

③应建立计量检测设备的档案及台账；

④计量检测设备检定应符合国家有关检定周期和要求；

⑤应设专人管理，严格按说明书及操作规程进行操作，并应进行合理保养；

⑥对不合格的计量检测设备应停止使用、隔离存放，并设置明显的标志；

⑦对不合格计量检测设备应在已排除不合格的原因，并经再次检定（校准）合格后才能重新投入使用；

⑧重要部位发现的不合格计量检测设备，应对已产生的数据进行追溯处理，以免造成损失；

⑨各场站负责如实填写本站点的计量检测设备技术档案和计量管理表格，保存期为 5 年。

（6）调压器及附属设备管理

①应巡检各连接点及调压器工作情况，当发现存在燃气泄漏及调压器压力不稳定问题时，应及时处理；

②应及时清除各部位油污、锈斑，不得有腐蚀和损伤；

③对新投入使用和保养修理后重新启用的调压器，应经过调试，达到技术要求后方可投入运行；

④对停气后重新启用的调压器，应检查进出口压力及有关参数；

⑤应定期检查过滤器前后差压，并应及时排污和清洗；

⑥应定期对切断阀等安全装置进行可靠性检查；

⑦调压器的压力调整应缓慢，避免造成超压而误关断。

（7）场站管网管理

①场站管线应采取防腐保护措施，防止汽、水腐蚀；

②对燃气管道设置的阴极保护系统应定期检测，并应做好记

录，检测周期及检测内容应执行《阴极保护系统运行管理规范》
（QSYTZ0525—2017）的相关规定；

③如在场站管线、汇管及压力容器开孔接管，应经过相关审批
程序；

④明确站场工艺管网的巡检周期，并应做好巡查、检查记录。

（8）场站管线及设备涂色

①场站管线及设备涂色应按现行行业标准《石油天然气工程管道
和设备涂色规范》（SY/T 0043）执行；

②场站保温管线可保持保护层本色，不锈钢管线及非金属管道表
面宜保持原材料本色或保护层本色；

③埋地天然气管道伸出地面 10 cm 的部分，其喷漆颜色应为黑色；

④管线及设备刷漆前应将旧漆全部除净，露出金属本色，日常维
护补漆应选用颜色一致的漆，如补漆面积较大应重新喷漆；

⑤设备配管为法兰连接的，应以法兰端面为喷漆分界；

⑥各类阀门的阀位指示、开/关方向指示、阀体上的文字均应用红
色标记；

⑦各类设备上的铭牌应保持原厂本色、完好，不能涂色遮盖；

⑧场站内主要管线出入地面弯头处应用箭头标明气流方向，箭头
应采用喷涂，颜色宜为红色。

（9）工艺编号

①凡建立设备台账的阀门及设备均应挂设备编号牌；

②设备编号牌应尽量置于设备本体中部，在操作设备时操作人员
应方便看到设备编号牌；

③设备编号应和设备台账中工艺编号相对应；

④设备编号牌可采用亚克力或不锈钢等耐用材质。

（10）设备附属设施管理

1）设备基础和支撑件。

①设备基础应保持清洁，无下沉、无裂纹；

②设备支撑件应牢固可靠并起到支撑作用；

③设备接地线应在基础之外，走向规范，设备接地线的安装应便于接地电阻的测量；

④设备与接地网采用扁钢和镀锌螺栓连接时，搭接长度应不小于扁钢宽度的 2 倍，各类接地线和连接件应接触可靠、无锈蚀。

2）排污池。

①场站排污池应做明显的标记及警告牌；

②排污池内应加水到排污出口下部，并及时清理排污池中的污物。

二、技术及作业安全管理制度

1. 计量仪表安全管理要求

①所选仪表量程基本要求：遵循仪表的最小流量≤用户最小用气设备的最小流量；仪表的最大流量≥用气设备总和的最大流量。

②所有用气计量设施，一般不得设置旁道管（特殊重要的用户和不可间断的工业用气除外）。仪表应尽量安装在室内。

③相邻区域、相同用气性质的用户，一般宜选用相同计量原理的流量计量表。

④流量计量表设计安装位置应尽可能靠近用气设备（尤其采用速度式流量计或用气压力较高的场合）；并应对仪表安放周围环境做出明确要求（如应避开存在电磁干扰和高温潮湿的不利环境）；如仪表只能安装在高温、潮湿环境和仪表周围存在较强电磁环境干扰，则必须采用有效接地（尤其是工商 CPU 或 IC 卡表系统和附加远传的仪表）等，否则将直接影响仪表计量使用性能，容易产生仪表故障、缩短仪表使用寿命及影响仪表的计量准确等。

⑤加强设计合理性，合理选择与公司所在地自然条件（大气压、

温度等）、输气工况相匹配的计量表型号、规格与安装方式，对计量设备的安装、计量设备的温压补偿参数设定需要在设计文件中予以明确说明。计量表选型需与实际流量相匹配，避免出现"大马拉小车"与"小马拉大车"。安装在中压管道上的计量仪表，必须带有压力补偿功能。

⑥居民用户应一户一表，不宜采用一块表计量多个居民用户的计量管理模式。

⑦对公司、商业、工业客户，如一个用户后端有多台用气设备，应遵循以下原则：

a. 用气压力级制不一致的设备不能采用同一个计量仪表计量；

b. 用气流量差别较大的设备不能采用同一个计量仪表计量；

c. 用气性质不一致的设备不宜采用同一个计量仪表计量；

d. 一个计量仪表后端的用气设备不宜超过 5 个（应考虑单台用气设备的小时耗气量）；

e. 计量仪表不能并联使用；小时耗气量大于 $16\,m^3/h$，不宜使用皮膜表；

f. 计量表具需具备数据远传功能或卡控功能，如重大关键用户均需设置前述功能。

⑧所有贸易结算计量仪表或者贸易结算比对表必须首检合格才能安装使用，确保计量表具质量的可靠性，严禁不合格表具流入市场，并对检定合格的表批次进行登记建档。

⑨涡轮表、罗茨表、超声波流量计等投入使用后都必须按照要求进行周期性检定。检定不合格且无法修复的必须及时更换。涡轮表、罗茨表、超声波流量计的检定周期不应超过 3 年，其余类型表的检定周期不应超过国家要求的期限。

⑩对于使用介质为天然气且时间达到 10 年的 $16\,m^3/h$ 以下的皮膜表，必须进行更换。

⑪安装时严禁出现以下情况,以免影响计量精准度:

a. 安装时带表焊接,将造成仪表直接损坏或产生先天仪表故障。

b. 表前管道吹扫不净,对容积式和流速叶片式流量计(罗茨和涡轮表)有较大影响,将直接造成仪表损坏或使仪表性能降低等。应先接短直节替代流量计部位,待吹扫完毕再卸下该直节安装仪表。

c. 仪表附属设施(过滤器、波纹管、电动阀及压力表等)未遵照说明书要求,出现的安装问题,以及仪表运输和保管过程中的不当问题。

d. 仪表的前后直管段不符合要求、仪表管段不对中造成应力大、仪表前管段有杂物及投运方式不当打坏仪表核心元件。

2. SCADA 系统建设要求及流量计数据远传建设要求

根据站点类型、供气规模和重要性,SCADA 系统按照以下标准设置,见表 5-1。

表 5-1　SCADA 系统标准设置

类型参数 \ 站点类型、名称	燃气门站、储配站、LNG/CNG 卸气站、加气站、高中压调压站	商业综合体区域调压柜	工商业用户		管网末端(管网长度超过10 km)
			不可中断用户	日用气量大于3000m³	
进口压力	●	●	●	●	●
进口温度	●				
流量计	●		●	●	
出口压力	●	●	●	●	
出口温度	●				
可燃气体浓度	●	●			
市电	●	●	●	●	●
RTU 门禁	●	●	●	●	●

注:●表示需设置。

根据工商业用气量，对于流量大于 $300\ m^3$（标态）/h 或日用气量大于 $1\ 000\ m^3$ 的用户，可通过加装远传信息采集设备实现流量计数据远传。

商业综合体的泄漏报警控制器主要由综合体消防控制室的物业负责人员进行集中监控和管理，为加强燃气泄漏的有效监控，可将综合体总控制箱上的泄漏报警信号增加远传至公司调度中心进行监控。

需要实现预付费自动启闭阀门功能的工商业用户，可通过加装 IC 卡控制器实现。

3. 无人值守站的总体要求

（1）系统组成

无人值守站系统由站控系统、SCADA 系统、视频监控及 AI 识别系统、燃气报警系统、周界系统、四氢噻吩检测系统等组成。

（2）设置原则

①调压站应达到"无人值守、远程监视"的控制要求，实时监视和控制无人值守站管道和设备的运行状态，保障管道及其附属设施安全，实现平稳安全供气。

②通过对调压站类别进行划分，实现不同级别的差异化管理。

③各级监视与控制系统的建设应与项目建设同步实施，项目投产即应达到生产数据上传与控制要求。

（3）类别划分

1）设计压力划分。

根据调压站管路系统的最高设计压力，调压站分为高压调压站和次高压调压站（表 5-2）。

表 5-2　根据最高设计压力划分调压站

划分	管路系统最高设计压力 P/MPa
高压调压站	$1.6 < P \leqslant 4.0$
次高压调压站	$0.4 < P \leqslant 1.6$

2）供气规模划分。

根据调压站设计供气规模的大小,可分为 I、II、III三个等级(表5-3)。

表 5-3　根据设计供气规模划分调压站

划分	供气规模 Q（标态）/（m³/h）
I 级调压站	30 000＜Q≤50 000
II 级调压站	10 000＜Q≤30 000
III 级调压站	1 500＜Q≤10 000

3）供气对象及重要程度划分。

根据调压站下游所带的供气用户及区域调压重要程度划分如下(表5-4):

表 5-4　根据供气用户及区域调压重要程度划分调压站

划分		供气对象及重要程度划分
区域调压站	区域重要调压站	出口直接连接中压,且为区域唯一气源站
	区域常规调压站	出口直接连接中压,非区域唯一气源站
用户专用调压站	不可中断用户调压站	大型工业级特殊用户供气
	常规用户调压站	商业、企事业单位或中小型工业用户

因此,综合上述划分依据,将常见的无人值守调压站划分以下类型(表5-5):

表 5-5　无人值守调压站划分类型

类型代号	设计压力划分	供气规模划分	供气对象划分
A	高压	I 级、II 级	区域重要调压站、不可中断用户调压站
B	高压	III 级	不可中断用户调压站、区域常规调压站
	次高压	I 级、II 级	
C	次高压	III 级	区域常规调压站、常规用户调压站

（4）无人值守站控制点设置

根据划分类型，对各类调压站的控制点进行如下设置（表5-6）：

表 5-6　各类调压站控制点

控制点		A	B	C
进站压力	现场	●	●	●
	远传	●	●	●
进站温度	现场	●	●	●
	远传	●	●	●
进站电动阀门		●	○	○
过滤器压差	现场	●	●	○
	远传	●	●	○
流量信息	现场	●	●	●
	远传	●	●	●
调压切断阀	现场	●	●	●
	远传	●	○	○
出站压力	现场	●	●	●
	远传	●	●	●
出站温度	现场	●	●	●
	远传	●	●	●
出站电动阀门		○	○	○
出站流量调节		○	○	○
四氢噻吩检测仪		●	○	○
燃气报警系统		●	●	●
视频监控系统		●	●	○
AI 识别系统		●	●	○
周界系统		●	●	●
SCADA 系统		●	●	●

注：●表示需设置，○表示可选择设置。

（5）SCADA 系统

①RTU 具备模块化、标准化设计，在不需要修改原有硬件的情况

下能进行维护和扩充的优点；模块支持在线热插拔，支持在线及离线组态，能远程操控，也能就地数据编辑，同时还具有程序下装功能。

②具备对压力、温度、流量参数的远传采集功能，采集频率能实现自动设置。

（6）安保系统

①视频监控系统。采用红外数字摄像机，具有远传控制及回放查询功能，同时需有与周界报警系统联动的接口，存储时间在30天以上。

②AI识别系统。具备自动对焦、跟踪、识别、抓拍进入站区的移动目标，并有与周界报警系统联动的接口。

③周界防入侵系统。A类、B类无人值守站采用张力围栏，C类无人值守站采用周界报警系统。

第四节　燃气输配场站消防安全管理

一、输配场站消防人员配置

①各场站成立志愿消防小组，负责本单位防火和灭火工作。应当积极配合本单位安全管理人员消除火险隐患，预防火灾发生。

②站长任志愿消防小组组长。

③志愿消防队员应熟悉各类火灾燃烧特性及扑救方法，熟悉本单位平面布置情况，熟悉消防井、消防器材的存放位置，熟悉固定消防设施操作规程，掌握各类灭火器的使用方法，会报火警。

④志愿消防小组应按照应急预案的要求制定有针对性、可操作的消防应急救援预案，明确灭火、抢救、通信联络、火场警卫、后勤保障的组织程序，并定期开展演练，不断进行完善。

二、消防器材的配备原则

①消防基础设施建设和装备、器材，应满足国家及行业有关消防法律法规、标准规范以及科技进步的要求。要积极采用和推广成熟的消防新技术、新产品。加强对现有消防设施的管理，确保各种消防设备、设施、装置完整好用。

②消防器材设施应按照设计要求配备，数量、位置应符合有关标准规范要求。

③电气火灾选用二氧化碳灭火器，天然气火灾和其他建筑类火灾选用干粉灭火器，油类物质火灾选用泡沫灭火器。

④室内配备的手提式消防器材，不准直接置于地面，应放置在灭火器箱中，配备在室外的消防器材，不准露天摆放，应放置在消防箱内，灭火器箱不准上锁。

三、场站消防器材、设施的配置

①工艺生产区：按照标准规范要求每个灭火器设置点至少配备相同型号及规格的 2 具推车式干粉灭火器，设置相应数量的消防箱，按照设计规范的要求配备可燃气体检测报警系统。输油场站应配备一定数量的消防砂、灭火毯、铁锹、消防桶等。

②站控室、配电室、UPS 间、通信室、自控机房：至少各配备 2 具手提式二氧化碳灭火器，并配备火灾自动报警系统。

③发电机房、锅炉房、厨房、库房、排污池（罐）：至少配备 2 具手提式干粉灭火器。

④压缩机房：至少配备推车式灭火器 4 具、手提式干粉灭火器 8 具。

四、阀室消防器材配置

①阀室间：至少配备 2 具手提式干粉灭火器。

②通信自控机房：至少配备 2 具手提式二氧化碳灭火器。

③阀室院内：至少配备 2 具手提式干粉灭火器。输油阀室应配备一定数量的消防沙、铁锹、消防桶等。

五、消防器材、设施的管理

①消防器材、设施不准擅自移动、挪用、拆除，并应保持完好状态。

②消防器材应放在醒目、便于取用的地方，不得放置在露天或高温场所。

③无论是移动式还是固定式消防器材、设施一律配置消防卡片，消防器材要有专人负责管理。

④场站、阀室及其他生产场所配备的可燃气体报警系统、火焰、火灾报警系统等消防设施应严格执行国家有关周期检定、校验规定，由各二级单位负责及时向属地具有资质的相关检定单位申请校验。消防设施使用单位要严格执行各类消防设施的运行维护规程，开展定期维护保养和自校验工作，并做好记录。

⑤各所属单位应按照国家发布的《灭火器维修与报废规程》（GA 95）的有关要求，由具有省级以上消防维修许可证的消防维修部门做好消防器材的维修保养工作，确保生产区和生活区的消防器材处于完好状态。

⑥所有消防器材每月由专人进行维护和检查，检查情况填写在检查卡上，发现问题（如失效）及时记录上报。每次检查出的失效或损坏的灭火器应及时安排填充、换药及维修；除每月检查外，每年要进

行一次全面普查。普查时，应根据灭火器的类型进行称重、测压、抽样放喷工作，并将结果记录存档。

⑦所有消防器材、设施应按照规定进行登记，并建立健全消防器材、设施台账档案。

⑧消防水泵及管网设施、附件完好备用，管网日常应保持足够的水压（冬季做好防冻保温），消防泵应定期保养和试运，并做好相关记录。

⑨消防泵房配备流程图和操作规程，保证消防蓄水量，确保消防用水的可靠性。

⑩室内外的消火栓及水带箱等附件要保持完好，周围不准堆放任何杂物，消火栓应有明显标识。

⑪消防通道应保持畅通，消防标识应摆放在明显的地方。

⑫依据场站平面图准确绘制消防器材（包括灭火器、水泵房、水池、消火栓等）分布图。

⑬禁止在有火灾、爆炸危险隐患的场所使用明火。因特殊情况需要明火作业的，应严格按照输配场站安全管理制度中的动火作业标准执行。

⑭新建、改建、扩建工程项目在设计和施工过程中，应执行现行行业标准《输油气站消防设施设置及灭火器材配备管理规范》（Q/SY 129）。在施工过程中，由工程项目主管单位负责监督审查消防措施的落实情况；在工程项目验收时，验收小组应重点检查、验收消防设施、器材的配备是否达到设计标准要求。

⑮新建、改建、扩建工程项目应严格执行消防设施"三同时"要求。工程项目建设前，工程项目主管单位应组织设计单位向地方消防部门提出工程项目消防设计审查申请；投产前，由工程项目主管单位依照属地管理的原则，向地方消防主管部门申请进行项目竣工的消防验收，验收合格后，方可投用。

⑯消防安全责任人、专（兼）职消防管理人员等应接受专门的消防安全培训；同时应对新上岗员工进行岗前消防安全培训，全体员工每年至少进行一次消防安全培训。

六、消防应急预案

各场站应根据实际情况编制消防应急预案，并纳入应急管理体系。消防应急预案内容应包括：

①扑救火灾组织的指导思想和原则；

②应急组织体系及职责，明确灭火、抢救、通信联络、火场警卫和后勤保障各环节的组织程序；

③场站消防力量的配备情况（包括志愿消防小组）、与本单位签订消防关联协议的地方消防队伍及邻近可借用的消防力量（当地公安消防队配备情况）；

④识别可能导致火灾的危害因素；

⑤可能引起火险事故物质的火灾特性；

⑥火险发生后可能的蔓延趋势；

⑦防火重点要害部位的确定；

⑧扑救火灾的具体措施；

⑨地理位置与四邻关系以及在紧急情况下的人员疏散方案。

场站志愿消防小组应按照消防应急预案的要求，制订相应的演练计划和内容，每半年应做到不少于一次的消防实战演练。

一旦发生火险，现场人员应立即采取应急处理措施，发出报警信号，按照场站突发应急事件上报程序表报告。报警人在报告火情时要说明着火部位、着火介质、火势大小、周围情况，以及正在采取的措施等。拨打"119"报警电话时，要说明单位的详细地址、路线及着火介质等，并派人在路口引领消防车辆。

各领导接到火险报告后，应立即启动消防应急预案，组织志愿消防小组参加灭火抢险。

火灾事故发生后，应当及时向所属安全主管部门和主管领导进行汇报，不得隐瞒、虚报、迟报，一经发现要严肃处理，并追究责任。

火灾事故调查、处理与汇报严格执行单位事故管理相关规章制度的要求进行。现场人员应积极协助当地公安消防部门开展事故调查。

七、消防教育培训

消防教育培训是消防工作的一个重要内容，各单位应制订、落实员工消防培训教育计划；新上岗及转岗和进入生产区的员工应进行消防安全知识培训。

培训内容包括：有关消防法律法规、消防安全制度和保障消防安全的操作规程；本部门、本岗位的火灾危险性和防火措施；有关消防设施的性能、灭火器材的使用方法；报火警、扑救初期火灾及自救逃生的知识和技能。

培训对象应为本单位全体员工。

第五节　燃气输配场站风险与隐患管理

为了规范危险源辨识、风险评价和风险控制活动，明确辨识与评估危险源的职责、方法、范围、流程、控制原则、回顾、持续改进，以及建档监控，评价控制以减少各类生产、作业中存在安全风险，确保各类风险能够得到有效的控制，形成管理机制。

危险源指的是可能造成人员伤亡、疾病、财产损失、工作环境破坏或这些情况组合的根源或状态。危险源辨识指的是识别危险源的存在并确定其特性的过程。风险特指某一特定危险情况发生的可能性和后果的组合。风险评价是指评估风险大小以及确定风险是否可容许的全过程。可容许风险（可承受的风险）是指根据组织的法律义务和职业健康安全方针，已降至组织可接受程度的风险。事故隐患是指可导致事故发生的物的不安全状态、人的不安全行为和管理缺陷。重大风险是指评价为重大危险源和本单位需要特别关注的风险。

一、危害因素辨识与风险评价

1. 危害因素辨识

（1）成立危害因素辨识评价工作组

各场站、所属单位和机关部门应基于知识和专业经验分别成立不同级别的危害因素辨识评价工作组。必要时，评价小组还应包括承包商、供应商及相关方的现场作业人员。开始辨识评价前，应对工作组成员进行必要的培训。根据评价的级别和内容，工作组成员应具备以下的知识和技能：

①熟悉与所评价对象相关的工艺和设备技术；

②具有工艺设备实际操作经验；

③具有工艺设备维护、维修经验；

④接受过风险评价技术培训；

⑤评价所需的专业知识和技能。

（2）工作准备及职责

评价工作组应准备以下内容：

①制定危害因素辨识评价工作任务书，包括工作目标、范围、完成时间、所需要的资源；

②制订工作计划，包括进度表和个人职责（问责人、负责人、参与者）分配；

③资料收集和准备，收集工艺安全信息，包括工艺流程图、设计说明书、设备图纸及说明书、操作规程、维修记录、物质安全数据表MSDS、以往健康安全专项评价资料（如 HAZOP 分析、安全评价/验收报告、职业危害预评价报告等）、事故/事件报告、工作安全分析结果、以往工艺/设备/安全检查报告、现有检测/监测报告等信息。

评级工作组工作职责应包括以下内容：

1）安全技术部职责。

①推进各单位的危险源辨识工作；

②负责危险源辨识与评价管理指引的起草、修订等工作；

③组织危险源辨识工作经验交流与分享；

④各单位将辨识出的重大危险源、风险提交至安全管理部门，安全管理部将会实时追踪。

2）各子（分）公司安全技术部职责。

①负责组织制定公司危险源辨识工作目标、工作计划、实施方案等，负责危险源辨识工作全面检查与考核工作；

②负责对各部门的危险源辨识、风险评价和风险控制工作进行指导；

③负责对危险源辨识、风险评价和风险控制策划的监督；

④负责实施危险源辨识、风险评价和风险控制策划工作，并负责对公司其他各部门危险源辨识效果进行评价。

3）其他部门职责。

①各部门负责本部门业务范围内的危险源辨识、风险控制工作，

并形成记录。同时，将本部门《作业活动清单》《JSA 分析表》《PHA 分析表》《工作/任务风险等级汇总表》等提交至安全技术部门。

②财务部门负责危险源治理费用预算计划，并保障专项安全整改费用的支付。

（3）危害因素辨识方法和途径

危害因素辨识可采用的方法包括现场观察法、直观经验分析法、工作安全分析（JSA）法、预先危险分析（PHA）法、风险矩阵法、安全检查表、事故树、故障树、故障模型及其影响分析（FEMA）、危险与可操作性研究（HAZOP）等。

1）工作安全分析（JSA）法。

工作安全分析（Job Safety Analysis，JSA）是目前欧美企业在安全管理中使用最普遍的一种作业安全分析与控制的管理工具。JSA 把一项作业分成几个步骤，识别每个步骤中可能发生的问题与危险，进而找到控制危险的措施，从而减少甚至消除事故发生的工具。

①JSA 法实施步骤：

第一步：明确要进行 JSA 的作业任务；

第二步：把作业按顺序分成几个步骤；

第三步：分析每个步骤中可能的危害因素；

第四步：分析可能发生的危险；

第五步：制定消除或降低危险的方法与控制措施；

第六步：交流与实施控制措施。

②JSA 主要应用于下列作业活动：评估现有的作业；新的作业；改变现有的作业；非常规性的作业；承包商作业。

③不适用于：危害/风险明确且已被清楚了解的工作；已经有标准操作程序的工作；需要用其他专门的方法进行危害分析的工作；与工艺安全管理有关的危害识别和风险控制；其他专业领域，如消防安全、

人机工程学、职业病等。

2）预先危险分析（PHA）法。

预先危险分析（Preliminary Hazard Analysis，PHA）也称初始危险分析，是在每项生产活动之前，特别是在设计的开始阶段，对系统存在危险类别、出现条件、事故后果等进行概略的分析，尽可能评价出潜在的危险性。

①PHA 法实施步骤：

第一步：对所要分析的系统的生产目的、工艺过程以及操作条件和周围环境进行充分地调查了解。

第二步：调查、了解和收集过去的经验以及同类生产中发生过的事故，查明分析对象可能出现的造成系统损害，尤其是人员伤害的危险性（按系统和子系统顺序逐步查找）。

第三步：调查、确认危险源，所谓危险源是指系统中存在的可能导致事故发生的危险根源。危险源的确认可用安全检查表法、经验判断或技术判断。

第四步：识别危险转化条件，研究危险因素转变为事故状态的触发条件，即哪些条件的存在可能使危险因素转化为事故。

第五步：进行危险性分级，即把预计到的潜在事故划分危险等级，划分的目的是分清轻重缓急，即等级高的作为重点控制的对象。

第六步：制定预防危险措施，找出消除或控制危险的可能方法，在危险不能控制的情况下，分析最好的预防损失方法，如隔离、个体防护、救护等。

②PHA 法适用于固有系统中采取新的方法，接触新的物料、设备和设施的危险性评价。该法一般在建设项目初期使用，也可以用 PHA 对已建成的装置进行分析。

3）风险矩阵法。

①风险等级划分说明。风险矩阵法是根据事故发生的可能性及其可能造成的损失的乘积来衡量风险的大小，其计算公式：

$$D=P \times S \qquad (5\text{-}1)$$

式中，D——风险值；

P——事故发生可能性；

S——事故可能造成的损失。

②风险衡量方式和赋值方法说明。其具体的风险等级划分见表5-7。表中将损失分为6类（A～F），依次递减赋值为（6～1）；事故发生的可能性也分为6类（G～L），依次递减赋值为（6～1）。根据风险值的大小，可将风险分为5个等级。

表 5-7 风险等级划分

可能性＼严重度	几乎不会发生	不太可能发生	可能发生	很可能发生	几乎肯定发生
极轻微	低风险	低风险	低风险	低风险	一般风险
轻微	低风险	低风险	一般风险	一般风险	中等风险
普通	低风险	一般风险	一般风险	中等风险	重大风险
严重	低风险	一般风险	中等风险	重大风险	特别重大风险
非常严重	一般风险	中等风险	重大风险	特别重大风险	特别重大风险

a. 事故发生"可能性"的确定方法。对于事故发生"可能性"的确定需要根据以往事故统计或经验来模糊判断。

b. "损失"的确定方法。对"可能造成的损失"的确定需要建立在假设的基础上，即假设在事故实际发生的情况下，估计会造成什么样的损失。事故发生后可能造成的后果是多个，按照风险管理的要求，取各种后果中最为严重的一个来确定"可能造成的损失"。对照风险矩阵及风险等级划分表，赋予相应的值。

c. 风险值的确定方法见式（5-1）。

d. 风险等级的确定方法。计算得出风险矩阵与风险值。

（4）危害因素辨识途径

危害因素辨识途径：危害因素辨识工作组用区域分布图或者业务流程图，将区域或流程划分为方便分析的单元活动，同时辨识每个单元活动可能涉及的岗位，形成本单位的作业活动清单。清单中应标明活动存在的区域、部位、使用的设备、相关人员状况等内容。

场站危害因素辨识首先根据生产、工艺、工序等不同，划分各作业活动。其中具备相同或相似的生产、工艺、工序活动可进行简化合并。作业活动的划分要考虑对危害因素的易于控制和必要信息的收集，既要包括日常的生产活动，又要包括不常见的维修任务等。日常工作和作业活动的分类方法可按公司/部门/基层单位、设备/设施、区域和作业流程划分方法确定，应注意：

①场站内（外）的地理位置。

②以生产工艺过程为主线，明确所有流程、工艺、工序、具体作业活动，如计量设施的投用、运行、检查、维护和标定活动，过滤系统的启用、运行、检查、维护活动，压缩机启动、运行、检查、维护、停机等活动，调压撬设施的启用、运行、检查和维护活动，排污系统的检查维护等活动，分输系统的投用、运行、检查和维护等活动以及收发球设施的使用活动等。

③作业活动划分到最基础的可以实现风险控制的基本单元，操作步骤划分到具体的操作节点（阀门、管线、仪表），即可以指导编制

对应的操作卡、检查表或作业指导书为止。

④根据生产工艺活动特点，明确所有辅助作业活动和通用作业活动，如与检维修相关的电网操作、临时用电作业、高处作业、进入有限空间作业、动火作业、大型吊装作业、放射源使用、清理过滤器、化学清洗、交叉作业、高低温作业等活动，与采购物流相关的物料接收、卸货、转运、存储等活动，与生活相关的饮食、洗漱等活动。

⑤根据工作要求，明确各工艺环节、各生产流程的非常规活动。计划的和被动（非常规）工作，如倒流程、启停机、紧急放空、事故和潜在的紧急情况，如火灾、爆炸、台风、洪水及其他自然灾害，消防应急等。

⑥在上述作业活动划分的基础上，补充划分相关作业区域（如作业活动未覆盖的地方）。

⑦明确工作场所、场站、生产运行、作业区域的设备设施的风险。

2. 风险评价

危害因素的风险评价步骤：

①危害因素的选择：选择需要进行风险评价的危害因素；

②可能的触发事件：危害因素失控的事件情形描述；

③潜在后果分析（严重性）：分析触发事件发生后可能造成的后果；

④原因分析：分析危害发生可能的原因；

⑤发生的可能性：预测可能后果发生的概率；

⑥采取措施前风险评价：对与设备设施相关的危害因素通过潜在后果的分析和发生可能性的分析，依据风险矩阵判定该危害因素的风险级别是高风险、中风险还是低风险；其他危害因素评价直接采取考虑现有控制措施后的风险；

⑦采取的设计控制、管理控制和个人防护用品控制及减缓措施；

⑧采取措施后风险评价：通过潜在后果的分析和发生可能性的分析，依据风险矩阵判定该危害因素的风险级别是高风险、中风险还是低风险；

⑨存在的问题及隐患：通过以上分析，提出危害控制措施的不足之处；

⑩整改措施：针对所存在的不足，提出具体的整改措施；

⑪依此类推，对每一项需进行风险评价的危害因素进行评价。

场站、线路发生变化时的相关专项评价可由责任部门委托具有资质的专业机构进行。对场站、管道在整个生命周期内阶段性的工艺危害分析至少 5 年进行一次。对管道场站资产完整性管理的风险评价，可邀请专业机构应用量化风险评价（QRA）、基于风险的检验（RBI）、以可靠性为中心的维护（RCM）和安全完整性等级（SIL）等方法开展。

3. 评估、确认及更新

场站完成危害因素初步辨识、评价后，将结果汇总形成危害因素辨识与风险评价表及中高度风险清单，提交所属单位专业主管科室进行审核。

所属单位对场站提交的危害因素辨识及风险评估结果进行审核和分析，结合辖区内重点领域、关键装置、要害部位和承包商管理、变更管理、作业管理等各方面实际情况，确定本部门重点防控的生产安全风险。所属单位的危害因素辨识及风险评估应形成记录或报告。

场站按程序规定，每年至少组织一次开展危害因素辨识和风险评估工作，重新辨识、补充、完善危害因素辨识与风险评价表及中高度风险清单，必要时建立目标指标和方案予以控制。

发生下列情况时，随时更新危害因素：

①采用新技术、新工艺、新设备、新材料（原辅材料），重大工艺改变或相关方提出要求改进时；

②进行新建、改建、扩建项目时；

③相关法律法规、标准变化时；

④体系 HSE 方针发生变化时；

⑤发生事故、较大影响的生产安全事件和应急情况后；

⑥各类审核、常规检查、隐患排查发现问题时。

所属单位当发生事故、较大影响的生产安全事件和应急情况后，由事故、事件发生单位对与事故、事件相关的区域、设备和生产作业活动再次进行危害因素评价。

二、危害因素评估与控制管理

1. 生产安全风险防控工作遵循原则

分层管理、分级防控。将风险防控的责任划分到各管理层级，每一层级对照专业领域、业务流程，评估并确定生产安全风险防控重点，落实防控责任。

直线责任、属地管理。将生产安全风险防控的职责落实到规划计划、人事培训、生产组织、工艺技术、设备设施、物资采购、工程建设等职能部门和属地管理岗位，做到管工作必须管风险。

过程控制、逐级落实。从设计、施工、投产、运行等生产经营的全过程和各环节进行生产安全风险防控，逐级落实风险防控措施。

2. 风险控制措施确认原则

遵循"消除、预防、减小、隔离、个体防护"的原则，实行分级控制，对法律法规的强制性要求必须予以控制；对于中度、高度风险要进行重点控制，制定有针对性的风险控制措施。

根据风险评价结果，由各机关部门及所属单位按分级管理原则组织制定风险控制措施。风险控制措施包括：

（1）管理方案控制

对于中度、高度风险特别是高度风险，应优先考虑制定管理目标、指标和方案（资产完整性计划，压力容器检验计划，监视和测量设备配备和检测计划，生产设备设施维护、检验、测试方案，压缩机维护、保养、检验、测试方案，设备防腐方案，工艺设计变更方案，更新改造大修理方案，隐患治理方案，HSE 计划书）以降低风险；

管理方案的内容包括但不限于：活动或任务的 HSE 目标和指标；各相关层次为实现目标指标的职责、权限和责任人；实现目标指标所采取的方法、措施；主要风险；资源需求及配备；方案实施的进度安排；需要的协商和沟通；变更的原因和内容；评审或验证的时机和方式等。规范有效地运用 HSE 方案，有针对性地削减 HSE 风险，不断改进 HSE 管理。

（2）运行控制

对于辨识出的风险，应制定目标指标、制定完善运行控制程序、规章制度、安全操作规程规范、作业指导书和作业计划书进行控制；确保健康、安全与环境关键设施的设计、建造、采购、操作、维护保养和检查达到既定目标并符合规定要求。对关键设备设施进行监测和检验，及时发现并消除隐患，保证运行实施设备的完整性。

①风险警示告知：对生产运行、储存、使用、废弃处理过程中可能存在的健康、安全与环境风险和影响进行评估和管理，通过安全目视化对生产作业现场存在的风险进行提示和告知，内容主要包括危害因素、致害程度、应急措施等，并向用户、周边社区提供相关的健康、安全与环境信息资料；

②作业许可：规范动火作业、临时用电、受限空间作业、挖掘作业、高处作业、吊装作业、爆破作业、潜水作业、管线打开与盲板隔离、

射线探伤作业、检维修作业等具有中度、高度风险的关键作业活动，进行作业许可管理，确保所有关键作业活动和任务安全、有效执行；

③变更管理：对于人员、组织机构发生较大变化、新建装置和技术改造的生产装置、过程和程序等方面临时性或永久性的变化实施有计划地控制，充分识别变更过程存在的风险，制定削减措施，避免对健康、安全与环境绩效产生不利影响；

④应急控制：对于潜在的紧急情况特别是高度风险，制定《应急管理程序》、应急预案及现场处置预案，在风险失控发生生产安全突发事件时，应当按规定及时报告，启动应急预案，进行现场应急处置，实施应急救援；

⑤教育培训：建立岗位培训矩阵，岗位员工必须接受安全教育培训（内容包括岗位健康安全危害因素、风险、风险控制措施和应急程序等），掌握生产安全风险控制措施；

⑥个人防护（PPE）；

⑦重大危险源监控：按照重大危险源分级结果，落实监控措施，建立重大危险源档案，按规定报地方政府安全生产监督管理部门和上级主管部门备案；

⑧事故隐患治理：对事故隐患进行治理，组织制定事故隐患治理方案，落实整改措施、责任、资金、时限和应急预案，对隐患治理效果进行评估；

⑨风险防控信息填报：专人定期将生产安全风险防控信息录入HSE 信息系统；

⑩监视与测量：各级安全管理人员应定期针对危害因素的风险防控情况进行必要的监视和测量。

3. 相关方的风险控制

能与所属单位合并考虑的，可共同制定目标、指标和方案；否则，单独制定控制措施并由相关部门予以督促检查落实情况。

4. 风险控制措施的评审

风险防控措施实施前应对其进行评审：
①计划的控制措施是否使风险降低到可容许水平；
②是否会产生新的危害因素；
③是否已经选定了投资效果最佳的解决方案；
④受影响的人员如何评价计划的预防措施的必要性和可行性；
⑤计划的控制措施是否应用于实际工作中。

5. 危害因素控制监控

各所属单位负责针对所确定的风险采取相应的控制措施实施监控。

三、隐患的排查、评估和报告

场站应当定期开展安全环保事故隐患排查工作，对排查出的事故隐患进行登记、评估，按照事故隐患等级建立事故隐患信息档案，并按照职责分工实施监控治理。

安全环保事故隐患排查工作应当与日常管理、专项检查、监督检查、HSE 体系审核等工作相结合，可以采取以下方式：
①集中巡检及日常事故隐患排查；
②综合性事故隐患排查；
③专业性事故隐患排查；
④季节性事故隐患排查；
⑤重大活动及节假日前事故隐患排查；
⑥事故类比隐患排查；

⑦其他方式。

安全环保事故隐患排查可以选用现场观察、工作前安全分析（JSA）、安全检查表（SCL）、危险与可操作性分析（HAZOP）、故障树分析（FTA）、事件树分析（ETA）等技术方法。

隐患排查频次：

①现场操作人员应当按照规定的时间间隔进行巡检，及时发现并报告事故隐患。

②站（队）专业岗组应当结合安全活动，至少每周组织一次事故隐患排查。

③站（队）应当结合岗位责任制检查，至少每月组织一次事故隐患排查。

④所属单位应当根据季节性特征及本单位的生产实际，至少每季度开展一次事故隐患排查，重大活动及节假日前应当进行一次事故隐患排查。

⑤公司至少每半年组织一次综合性事故隐患排查，重大活动及节假日前应当进行一次事故隐患排查。

当出现以下情形时，应当及时组织安全环保事故隐患排查：

①颁布实施有关新的法律法规、标准规范或者原有适用法律法规、标准规范重新修订的；

②组织机构和人员发生重大调整的；

③区域位置、物料介质、工艺技术、设备、电气、仪表、公用工程或者操作参数等发生重大改变的；

④国家、地方政府有明确要求或者外部环境发生重大变化的；

⑤发生安全环保事故或者获知同类企业发生安全环保事故的；

⑥气候条件发生重大变化或者预报可能发生重大自然灾害的。

基层场站（包括承包商）发现隐患，应立即报告所属单位，所属单位在接到报告后，应按照隐患风险评估结果将中度、高度风险等级隐患分类上报公司相关业务主管部门。生产运行方面的事故隐患报生产运行处；压缩机运行方面的事故隐患报压缩机管理处；管道保护方面的隐患报管道处；工程建设方面的事故隐患报工程处；职业危害、环境保护及其他方面事故隐患报质量安全环保处。

公司及各所属单位分级成立安全环保事故隐患评估领导小组，由主管领导牵头，业务主管部门（科室）和事故隐患所在单位（站、队）及有关专家等参加，对排查出的事故隐患进行评估分级，评估事故隐患的级别（一般/重大）和风险等级。风险等级评估方法现阶段推荐采用风险矩阵法，具体参见表5-7。

中度风险等级事故隐患由所属单位进行复评，高度风险等级事故隐患由公司质量安全环保处组织有关部门或评估机构进行复评。

所属单位应当及时将评估后的事故隐患信息录入到 HSE 信息系统，内容和要求应当符合公司管理程序。每季度、每年对本单位事故隐患排查治理情况进行统计分析，并按要求报告。

重大安全环保事故隐患评估后应形成评估报告，评估报告应当包括以下内容：

①事故隐患现状；

②事故隐患形成原因；

③事故发生概率、影响范围及严重程度；

④事故隐患风险等级；

⑤事故隐患治理难易程度分析；

⑥事故隐患治理方案。

四、隐患的治理

存在安全环保事故隐患的单位，应根据隐患风险等级采取相应的措施进行治理。对各类事故隐患的治理要按照"五定"（定整改方案、定资金来源、定项目负责人、定整改限期、定控制措施）、"二不推"（场站能解决的不推给所属单位，所属单位能解决的不推给公司）原则，落实隐患治理的各项措施，对隐患治理情况进行监控，保证隐患治理按期完成。

对于一般安全环保事故隐患，由所在站（队）负责隐患的整改和验收，所属单位对整改情况进行监督和检查；站（队）不能自行整改的隐患，要立即上报所属单位，由所属单位负责组织整改和验收，公司相关业务主管部门对整改情况进行监督和检查。对于重大安全环保事故隐患，由所属单位负责隐患的整改和验收，所属单位不能自行整改的隐患，要立即上报公司，由公司相关业务主管部门负责组织整改和验收，质量安全环保处进行监督和检查。

需要立项整改的隐患，由各相关单位按照项目立项程序进行立项整改，规划计划部门在立项办理过程中应按照高风险等级隐患优先的原则进行项目的审批。

所属单位主要负责人应当根据重大安全环保事故隐患评估结果，组织制定并实施重大事故隐患治理方案，并上报业务主管部门审核，做到整改措施、责任、资金、时限和预案"五到位"。治理方案主要包括以下内容：

①事故隐患基本情况，包括事故隐患部位、现状和治理的必要性；

②治理的目标和任务；

③治理采取的方法和措施；

④经费和物资的落实；

⑤负责治理的机构和人员；

⑥治理的时限和要求；

⑦安全控制措施和应急预案。

对不能立即整改的隐患，所属单位应采取防范、监控措施，控制和削减事故风险，并告知岗位人员和相关人员在紧急情况下采取的应急措施。监控措施至少应包括以下内容：

①保证存在事故隐患的设备设施安全运转所需的条件；

②提出对设备设施监测检查的要求；

③制定针对潜在危害及影响的防范控制措施；

④编制应急预案并定期进行演练；

⑤明确监控程序、责任分工和落实监控人员；

⑥设置明显标志，标明事故隐患风险等级、危险程度、治理责任、期限及应急措施。

对于威胁生产安全、环境安全和人员生命安全，随时可能发生事故的重大安全环保事故隐患，所在单位应当立即停产、停业整改。

对于因自然灾害可能导致事故灾难的隐患，所在单位应当按照有关法律法规、标准和本规定的要求排查治理，采取可靠的预防措施，制定应急预案；在接到有关自然灾害预报时，应当及时向基层单位发出预警通知；发生自然灾害可能危及企业和人员安全时，应当采取撤离人员、停止作业、加强监测等安全措施，并及时向公司和地方政府报告。

安全环保事故隐患治理资金应当专款专用，资本化支出项目，应当在设备设施检测、事故隐患评估、可行性研究报告的基础上，按照公司《投资计划管理程序》的规定，履行项目立项审批程序。费用化支出项目，按照公司有关规定履行审批程序。

所属单位在上报年度大修理项目计划时应同时将《安全环保隐患治理项目立项审批表》报送质量安全环保处，由质量安全环保处组织各业务主管部门审核后向规划计划处提出立项建议。

安全环保隐患治理项目资金应在公司年度安全生产费用中优先列支；计划外新增隐患治理项目，按公司有关规定执行。

各级审查、审批部门应当严格对安全环保事故隐患治理项目的审核把关，禁止下列项目挤占事故隐患治理资金：

①新建、改建、扩建项目的安全环保设施，以及投产运行3年以内的新建、改建、扩建项目产生的事故隐患；

②与事故隐患无关的搭车、扩能增容和技术改造；

③借事故隐患治理新建（构）筑物、新建装置设施、购置更新生产设备等；

④新增工业电视、警示标识等；

⑤购置劳动防护用品用具、消防器材等；

⑥安全环保评价、等级评定、检测检验、体系推进、信息系统建设等。

重大安全环保事故隐患治理计划下达后，各相关单位应当严格按照重大事故隐患治理方案组织实施。项目的招标投标、合同签订、物资采购、施工管理、资金使用、变更管理等工作严格按照公司有关规定执行。

重大安全环保事故隐患治理项目按照"谁审批、谁督办"的原则，实行专业公司和公司分级挂牌督办，由公司督办的项目，应当明确督办领导和业务部门。督办内容主要包括：

①治理资金使用情况；

②项目形象进度；

③防范措施落实情况；

④存在问题与纠正情况；

⑤治理效果。

督办领导和业务部门应当通过召开专题会议、现场检查等方式督办重大安全环保事故隐患治理项目，掌握治理工作进展情况。所属单位应当在HSE信息系统中及时更新事故隐患治理进度，并定期向员工通报。

因存在重大安全环保事故隐患被地方政府有关部门责令全部或者局部停产停业治理的，治理工作结束后，各相关业务主管部门应当组织对事故隐患的治理情况进行评估，符合安全生产条件的，由所属单位向原作出处罚决定的行政机关提出恢复生产的书面申请，经批准后方可恢复生产经营。

所属企业在事故隐患治理过程中，应当采取相应的安全防范措施，防止事故发生。对事故隐患在排除前或排除过程中无法保证安全的，应立即停止作业，并从危险区域撤出人员，疏散可能被危及的其他人员，设置警戒标志，暂时停产停业或者停止使用；对暂时难以停产或者停止使用的相关设施、设备，应当加强维护和保养，防止事故发生。事故隐患排除后，应经公司审查同意，方可恢复生产和使用。

重大安全环保事故隐患治理项目完成后，各单位应当按照有关规定组织验收。验收合格后的事故隐患治理项目应当及时销项，并录入HSE 信息系统隐患管理模块。

安全环保隐患治理项目验收时，应当严格执行"五不验收"，即项目变更不履行程序不验收、治理项目不符合安全环保与节能减排要求不验收、挪用事故隐患治理资金的项目不验收、违反事故隐患治理原则搭车和扩能的项目不验收、项目竣工不进行效果评价不验收。

安全环保隐患治理项目验收合格后，所属单位应组织操作人员学习，转入正常生产维护管理。

各类隐患治理项目完成情况要及时在单位《事故隐患管理台账》中更新，并按月、年上报公司质量安全环保处。月报为每月月底前，年报为当年 12 月底前。

第六节　燃气输配场站事故事件管理

一、事故管理

1. 生产安全、质量事故及环境事件的报告与披露

生产安全、质量事故及环境事件（包括承包商发生的事故）发生后，事故现场有关人员应当立即向事故单位负责人报告，事故单位填写《事故初始报告表》并按照事故的类别和等级，在规定的时间内向领导和有关部门报告。其中管道被打孔盗气、被第三方破坏，输油气生产或设备事故和承包商发生的事故，发生事故的所属单位应在立即向公司业务机关部门报告的同时，向公司质量安全环保处报告，公司业务机关部门应按照业务管理权限向专业公司业务管理部门和调控中心报告。情况紧急时，事故现场有关人员可直接向公司主管生产、安全部门报告。

重大及以上生产安全事故、环境事件，在事故发生后 15 min 之内由事故单位主要领导、分管生产领导及安全总监分别向公司总经理办公室及主管生产、安全部门报告。总经理办公室接到报告后，立即向公司总经理报告，主管生产、安全部门接到报告后立即向公司分管工作的副总经理报告。

一般生产安全事故 A 级、较大生产安全事故和较大环境事件，在事故发生后 30 min 之内由事故单位主要领导、分管生产领导及安全总监分别向公司总经理办公室及主管生产、安全部门报告。总经理办公室接到报告后，立即向公司总经理报告，主管生产、安全部门接到报告后立即向公司分管工作的副总经理报告。

　　一般生产安全事故 B 级、C 级和一般环境事件，在事故发生后 1 h 之内由事故单位分管生产领导、安全总监分别向公司主管生产、安全部门报告。主管生产、安全部门接到报告后立即向公司分管工作的副总经理报告。

　　重大、特大质量事故，在事故发生 12 h 之内由事故单位分管生产领导、安全总监分别向公司主管生产、安全部门报告。主管生产、安全部门接到报告后 12 h 内向公司分管工作的副总经理报告并向上级公司质量主管部门报告，因采购物资质量问题造成质量事故的，应同时抄报集团公司物资采购管理部门。

　　一般质量事故，在事故发生后 24 h 之内由事故单位分管生产领导、安全总监分别向公司主管生产、安全部门报告。主管生产、安全部门接到报告后 24 h 内向公司分管工作的副总经理报告。

　　重大及以上生产安全事故、环境事件，在事故发生后 30 min 之内由公司总经理办公室向安全主管部门报告。较大生产安全事故、环境事件，在事故发生后 1 h 之内由公司总经理办公室向安全主管部门报告。一般生产安全事故、环境事件，在事故发生后 1 h 之内由公司安全主管部门向上级公司安全主管部门报告。

　　发生生产安全、质量事故及环境事件，在社会上造成重大影响、被省级及以上媒体关注或被网络传播、损害公司整体形象的，不论事故大小，在上报公司主管生产、安全部门的同时，应报公司总经理办公室。

　　发生生产安全、质量事故及环境事件，导致公司员工出现伤亡情况的，在上报公司总经理办公室和主管生产、安全部门的同时，应报公司人事部门和相关地方工伤保险部门。

　　发生生产安全、质量事故及环境事件，涉及财产损失的，在上报公司总经理办公室和主管生产、安全部门的同时，应由事故单位在 24 h 内针对出险情况向保险公司和保险经纪公司进行报案，并报公司财务部门。

发生事故后，事故单位应按照《生产安全事故管理程序》《生产安全事件管理程序》及时录入 HSE 信息系统。

对于承包商发生的事故，各单位应当在上报公司总经理办公室和主管生产、安全部门的同时，报公司人事部门和相关地方工伤保险部门。

发生一般 A 级及以上生产安全事故后，事故单位在上报公司的同时，应当于 1 h 内向事故发生地县级以上人民政府安全生产监督管理部门报告。

发生生产安全、质量事故和环境事件后，事故单位应当以书面形式报告，情况特别紧急时，可用电话口头初报，随后书面报告，书面报告时间延迟不可超过 24 h。书面报告至少包括以下内容：

①事故发生单位概况；

②事故发生的时间、地点及现场情况；

③事故的简要经过；

④事故已经造成或者可能造成的伤亡人数（包括下落不明的人数）、环境伤害和初步估计的直接经济损失；

⑤已经采取的措施；

⑥其他应当报告的情况。

生产安全、质量事故和环境事件情况发生变化的，应当及时续报。自工业生产安全事故发生之日起 30 日内，事故造成的伤亡人数发生变化的，应当及时补报。道路交通事故、火灾事故自发生之日起 7 日内，事故造成的伤亡人数发生变化的，应当及时补报。

发生生产安全、质量事故和环境事件，如隐瞒不报、虚报或故意延迟上报，除责成补报外，应追究事故单位主要领导、安全总监及相关人员的责任。

各单位发生生产安全、质量事故和环境事件后，事故的信息披露严格按照公司有关重要信息报告制度执行。

2. 生产安全、质量事故和环境事件抢险与救援

生产安全、质量事故和环境事件单位负责人接到事故报告后，应迅速采取有效措施组织抢救，防止事故扩大或发生次生事故、二次污染和次生、衍生环境事件，减少人员伤亡、财产损失和对环境的影响。

发生生产安全、质量事故和环境事件后，公司相关职能部门及事故单位负责人应及时赶赴事故现场，协调、指挥抢险救援工作，不得擅离职守。

发生较大及以上生产安全事故、特大质量事故、较大及以上环境事件，或者已经发生一般生产安全事故 A 级、重大质量事故、一般环境事件，并可能造成次生事故、二次污染和衍生环境事件时，公司主要负责人和相关职能部门负责人应当立即赶赴事故现场。公司主要领导公出在外时，接到事故报告后，应当赶赴事故现场。

发生一般生产安全事故 A 级、重大质量事故、一般环境事件，或者已经发生一般生产安全事故 B 级、较大质量事故并可能造成次生事故、二次污染和衍生环境事件时，公司分管生产或安全工作的领导和相关职能部门负责人应当赶赴事故现场。

发生一般生产安全事故 B 级、C 级和较大质量事故时，事故单位主要负责人或者公司相关职能部门的领导应当赶赴事故现场。

生产安全、质量事故和环境事件发生后，事故单位应当妥善保护事故现场及相关证据，任何单位和个人不得破坏事故现场、毁灭有关证据。因抢救人员、防止事故扩大及疏通交通等原因，需要移动事故现场物件的，应当做出标志、绘出现场简图并做好书面记录，妥善保存现场重要痕迹、物证。

3. 生产安全、质量事故和环境事件调查

生产安全、质量事故和环境事件发生后，公司及事故单位应当积极配合政府和其授权或者委托有关部门组织的事故调查组进行事故调查。

生产安全、质量事故和环境事件发生后，公司内部应当成立事故调查组，履行事故调查组的职责。公司内部事故调查实行分级管理，根据事故等级将事故调查分为两级。

（1）一级调查

对一般生产安全事故 B 级及以上事故、较大及以上质量事故和环境事件由公司成立事故调查组（应至少包括一名公司领导），指定公司安全主管部门牵头进行全面调查。

（2）二级调查

对一般生产安全事故 C 级、一般质量事故和环境事件，由事故单位成立调查组（应至少包括一名处级领导）进行全面调查。

调查组成员应当由安全、生产、设备材料、人事劳资、监察、工会等有关职能部门人员组成，根据实际需要可聘请第三方专业机构人员参加。调查结束后形成事故调查报告，根据事故等级按规定向政府有关部门报告。

由公司成立事故调查组及按照国家有关规定和上级要求组织或协助开展事故调查的，由安全、生产、设备材料、人事劳资、监察、工会等有关职能部门人员参加。在上级调查组开展调查之前，做好保护现场、现场取证等工作，并开展原因初步调查、提出并采取避免发生次生事故的措施。

事故调查组应当履行下列职责：

①查明事故发生的经过、原因、人员伤亡情况及直接经济损失；

②认定事故的性质和事故责任；

③提出对事故责任者的处理建议；

④总结事故教训，提出防范和整改措施；

⑤提交事故调查报告。

事故调查组有权向有关单位和个人了解事故有关情况，并要求其提供相关文件、资料，有关单位和个人不得拒绝。

事故调查组成员在事故调查过程中应当恪尽职守，遵守事故调查组的纪律，保守事故调查的秘密。

事故调查报告应当包括下列内容：

①事故发生单位概况；

②事故发生经过和事故救援情况；

③事故造成的人员伤亡和直接经济损失；

④事故发生的原因和事故性质；

⑤事故责任的认定以及对事故责任者的处理建议；

⑥事故防范和整改措施。

事故调查报告应当附具有关证据材料，事故调查组成员应当在事故调查报告上签名。

事故调查报告的提交时间。

①开展一级调查的事故调查报告应在事故发生后 30 日内提交。特殊情况下，经公司安全总监批准，提交事故调查报告期限可以适当延长，但延长的期限最长不超过 30 日。

②开展二级调查的事故调查报告应在事故发生后 15 日内提交。特殊情况下，经公司安全主管部门批准，提交事故调查报告的期限可以适当延长，但延长的期限最长不超过 15 日。

无论事故大小，应当深入查找管理方面存在的问题，并及时召开事故分析会，相关责任人和领导在分析会上作检讨。

①开展一级调查的责任事故，由公司组织召开事故分析会，事故单位主要领导在公司事故分析会上作检讨。

②开展二级调查的责任事故事件，由事故单位组织召开事故分析会，相关责任人和领导在事故分析会上作检讨。

③发生一般生产安全责任事故 A 级，由公司主管生产领导、事故单位主要领导和公司相关职能部门负责人到上级公司总部，向上级公司主管部门作检讨。

④发生较大及以上生产安全责任事故，由公司主要领导、主管生产、安全领导和相关职能部门负责人到上级公司总部，向上级公司作检讨。

4. 生产安全、质量事故和环境事件处理

所有事故均应当按照事故原因未查明不放过，责任人未处理不放过，整改措施未落实不放过，有关人员未受到教育不放过的"四不放过"原则进行处理。

对事故责任者涉及行政处罚的，执行国家和公司行政处分规定管理程序有关条款。

发生事故的经济处罚。

①发生事故，如隐瞒不报、虚报或故意延迟上报，对事故单位主要领导、安全总监及相关责任人员给予人民币 2 000 元至 10 000 元的经济处罚。

②发生一般生产安全责任事故 B 级和较大质量责任事故、环境责任事件，对事故直接责任者、主要责任者和负有重要、主要领导责任者，给予人民币 2 000 元至 5 000 元的经济处罚。

③发生一般生产安全责任事故 C 级和一般质量责任事故、环境责任事件，对事故直接责任者、主要责任者和负有重要、主要领导责任者，视情节轻重给予人民币 500 元至 2 000 元的经济处罚。

对事故责任者经济处罚的实施，由人事处依据公司批准发布的事故处理决定文件在事故责任者的工资中扣除，按每月不超过责任人当月工资 20%的标准逐月扣除。

事故处理审批权限。事故调查组完成事故调查，并对事故责任进行认定，在事故调查报告中提出对事故责任者的处理意见。

①对事故有关责任人员的行政处分，由公司审计监察处、人事处在事故调查和责任认定的基础上，会同有关部门提出对相关责任人员的行政处分意见，涉及管理人员的报请公司党委会审议批准，涉及操作人员的报请公司总经理办公会审议批准，按程序执行。

②一般生产安全事故 A 级及以上事故、重大及特大质量事故、较大及以上环境事件审批权限按公司有关事故管理规定执行。

③开展一级调查的事故调查报告由安全主管部门提交至公司主管生产领导，30 日内由公司主管生产领导组织完成对事故调查报告的审查后，由安全主管部门报请公司安全总监批准发布事故调查报告和处理决定。

④开展二级调查的事故调查报告由事故单位提交至公司安全主管部门，15 日内由公司安全主管部门组织完成对事故调查报告的审查后，由安全主管部门报请公司安全总监批准发布事故调查报告和处理决定。

事故处理决定应包括下列内容：
①事故的原因；
②事故的性质；
③对事故单位和有关责任人的处理决定或意见；
④事故防范措施和整改措施。

发生事故单位应当认真吸取事故教训，落实防范和整改措施；公司主管生产部门应当对事故单位落实防范和整改措施的情况进行督办；公司工会和安全主管部门应当对事故防范和整改措施的落实情况进行监督。

5. 生产安全、质量事故和环境事件统计与档案管理

事故发生后，各单位安全主管部门应当及时将事故信息录入 HSE 信息系统。

所有事故处理结案后，必须建立事故档案，并分级保存，事故档案应当至少包括事故调查报告及有关证据资料。

①开展一级调查的事故，由公司安全主管部门建立，并送档案室保存。

②开展二级调查的事故，由事故单位安全主管部门建立，交公司安全主管部门备案，并送档案室保存。

事故档案应包括以下资料：

①事故登记表；

②事故调查报告，批复处理文件；

③现场调查记录、图纸、照片；

④技术鉴定和试验报告；

⑤物证、人证材料；

⑥直接和间接经济损失材料；

⑦事故、事件责任者的自述材料；

⑧医疗部门对伤亡人员的诊断书，国家或地方交通管理部门、国家或地方生态环境部门的意见；

⑨发生事故时的工艺条件、操作情况和设计资料；

⑩处分决定和受处分人员的检查材料；

⑪有关事故的通报、简报及文件；

⑫调查组人员名单、职务、单位、专业特长。

二、事件管理

1. 事件报告及信息发布

事件当事人或目击者应及时（不能超过 3 个工作日）将事件报告给直接上级或者事件发生地的属地管理负责人，必要时可越级上报。口头报告后，各部门负责人组织人员在 5 个工作日内将核实后的事件信息通过 HSE 信息系统录入。

事件发生部门应根据事件潜在发生的后果严重程度（包括人员伤亡、财产损失、环境影响、声誉影响）及事件再次发生的可能性进行事件的风险评价，风险评价方法可采用风险矩阵法。

收到事件报告的部门负责人在 24 h 内组织对事件报告和其风险评价结果进行复核。

各级业务主管部门应定期（所属单位每月一次，公司每季度一次）审核 PPS 生产系统、工程管理系统、管道完整性系统、生产调度值班记录、专业故障库、急救记录、维修记录（包括 ERP 维修工单）、顾客投诉、废物处置记录、交接班记录、巡检记录、出席记录等，核实事件信息，对报告事件数量进行验证。

较大影响生产安全事件发生后，相关单位除按照公司事件管理、突发事件信息报送等相关规定要求的时间节点进行上报，同时应立即上报应急指挥中心。应急指挥中心在收到事件信息后 24 h 内将事件信息通过 PPS 管道生产系统以手机短信形式发送给公司领导、各部门负责人、各部门科室和站（队）主要负责人。公司各部门负责人、科室和站（队）主要负责人在收到事件信息 24 h 内负责组织将事件信息传达到每一名下属员工。

2. 事件调查

经过复核后的中度、高度风险事件需进行调查，调查期限一般不超过事件发生后一个月。普通的低风险事件无须正式调查，频发的低风险事件应进行调查，标准为：

①同类型事件在公司范围内 30 天区间发生 50 起及以上或 80 天区间发生 80 起以上的；

②同类型事件在所属单位范围内 30 天区间发生 20 起及以上或 60 天区间发生 30 起以上的；

③同类型事件在站（队）范围内 30 天区间发生 5 起及以上或 60 天区间发生 8 起以上的。

频发的低风险事件中的 c 类事件，由事件发生站（队）进行调查，调查组成员可包括站（队）负责人、专业技术人员、安全管理人员、目击者、可能受影响的人员等。

评价为中度风险的事件及频发的低风险事件中的 b 类事件以及较大影响生产安全事件，由所属单位成立调查组进行调查，调查组成员可包括部门主管、专业技术人员、安全管理人员、目击者、可能受影响的人员、员工代表等。

评价为高度风险的事件及频发的低风险事件中的 a 类事件，由公司业务主管部门组成调查组进行调查，调查组成员包括相关机关部门主管及技术人员、质量安全环保处相关人员、所属单位的专业技术人员及安全管理人员、目击者、可能受影响的人员、员工代表等，也可邀请公司领导参与。必要时可邀请相关承包商方面技术人员以及外部有资质的实验机构或技术专家等。

公司总部的中度、高度风险事件由事件发生部门组织调查组进行调查，调查组成员包括公司业务主管领导、部门主管、安全管理人员、可能受影响的人员等。公司安全生产工作会议确定的特别价值的中低风险事件，质量安全环保处应组织进行完整的事件调查。

当需要调查的事件涉及外部承包商时（如作业行为、供货质量等），调查组应至少有一名承包商人员参加，直接责任人除外。

参与调查的承包商人员需了解公司事件调查相关要求，做到客观公正。

事件调查组成员中，安全管理人员须取得安全管理人员资格证书或国家注册安全工程师执业资格证书，其他相关部门人员应具备相应的专业技术资质。事件调查组成员均应接受事故（事件）调查技术的培训，并至少每3年进行一次刷新培训，其他需求执行人事部门相关规定。

事件调查内容包括：

①事件经过；

②采取的处置措施；

③查明直接原因；

④查明管理原因；

⑤实际损失；

⑥潜在估计损失；

⑦是否报告政府相关机构或相关方；

⑧事件责任单位责任人的过失；

⑨针对直接原因和管理原因，预防再次发生的纠正措施。

事件调查过程：

①成立调查组；

②进行现场察看和相关人员访谈，了解当时情况；

③根据事件发生部门实际情况，寻找部件证据；

④查阅文件、记录等资料，如工作单、工作程序、工作许可证、培训记录、会议纪要等；

⑤分析事件发生的直接原因，深入查找管理上存在的缺失；

⑥从技术和管理两个方面，提出改进建议措施，建议措施可以从预防、探测、控制、纠正/恢复、减缓五方面，按照轻重缓急进行考虑；

⑦提出对事件责任单位、责任人的处理建议。

需要在事件调查完成后的 10 个工作日内形成调查报告。站（队）调查的事件应上报所属单位安全及专业主管科室进行审查，所属单位调查的事件应上报公司相关机关部门进行审查，公司机关部门调查的事件及公司总部调查的事件，由质量安全环保处组织审查。通过审核后由事件发生单位将调查报告上传至 HSE 信息系统。调查报告不能在规定时限要求内完成的，应说明原因。

事件调查报告通过审查后，按照"谁审查、谁发布"的原则，在 10 个工作日内进行发布，必要时应传达到外部利益相关方。各部门负责人、各科室及站（队）主要负责人负责组织将调查报告传达到每一名员工并组织其进行学习。

3. 纠正和预防措施落实

事件发生单位应当认真吸取事故教训，深入分析原因，制定切实可行的纠正措施和预防措施，针对事件的直接原因及管理缺失组织实施整改，并将落实情况填写在《事件信息统计表》中。

对于非重大实际事件，所属单位工会和员工代表应当对事件纠正和预防措施的落实情况进行监督；对于重大实际事件，相关机关部门应当对事件发生单位落实纠正和预防措施的情况进行跟踪检查，公司工会和员工代表应当对事件纠正和预防措施的落实情况进行监督，确保纠正和预防措施有效完成。

事件发生单位应定期（至少每月一次）对事件纠正和预防措施落实情况进行统计，并及时更新在《事件信息统计表》及 HSE 信息系统中。

对于逾期未落实纠正预防措施的事件，事件发生单位应识别事件过期的措施，分析其过期的原因，评估过期的影响并对过期的措施进行处理。

重大实际事件的发生部门应在纠正及预防措施实施完成后，将相关结果通报给内部员工，当涉及外部利益相关方时，也应予以通报。

4.事件分析与统计

各机关部门对业务范围内的事件进行分类、整理和统计，根据业务需要进行趋势分析，提出管理改进措施，统计分析结果应定期进行发布。

事件统计和趋势分析主要包括以下方面：各类事件数量的统计、各类事件组成的统计、重大（潜在、实际）事件数量的统计、事件发生损失的统计、各类事件发生的趋势分析、次标准行为（直接原因）趋势分析、次标准状态（直接原因）趋势分析、人为因素（管理原因）趋势分析、工作因素（管理原因）趋势分析。

所属单位应开展年度事件比率统计分析工作，内容包括百万工时工作受限伤害率、百万工时总可记录受伤率、误工率、重伤率等，具体执行公司百万工时管理相关要求。

质量安全环保处负责建立公司事件数据库，并进行全面的趋势分析，分析结果需上报公司管理层，并利用其结论识别公司生产运营中存在的问题，从制度制定、管理流程等方面提出系统的改进建议。事件统计分析结果，在每月的 HSE 简报中公布、在每季度安全生产委员会会议上进行通报，每半年形成总结报告，在公司内部分享。

第七节　燃气输配场站应急管理及检查改进

一、应急预案

1.应急预案编制

坚持"以人为本，自救为主、上下衔接、横向关联"的原则，分专业编制各类突发事件、事故应急预案。

编制应急预案时应充分考虑消防、医疗、公安等政府和社会资源情况。

应急预案内容一般应包括但不限于：

①应急预案的目的、范围、适用的法律法规、标准及相关文献；

②明确各级应急预案之间的关联关系；

③明确潜在的事故、紧急情况及控制目标和应急预案的级别；

④明确应急组织机构、负责人及特定人员职责、权限和义务；

⑤明确报警、接警、报告、指令下达等信息收集传递的方式和要求，包括与外部应急机构、执法部门和邻近单位及公众的沟通；

⑥明确采取应急措施的内容、程序和方法，包括人员疏散、危险区隔离、抢险救援、人员救治、紧急状态下的管道运行调整方案、对重要记录资料和重要设备的保护规定等；

⑦明确对可能受到事件、事故伤害或影响的周边人群及相关方的专项保护措施，以及周边企业、单位发生突发事件对我方影响的处置方案；

⑧明确现场的指挥、协调和组织管理要求；

⑨明确应急使用的必要资料，如平面布置图、危险物质数据、水电气管网流程图及其他相关资料；

⑩明确通信保障需求和实施要求，包括通信设备和工具的种类、数量及保管维护和使用的规定；

⑪明确资源保障需求及实施要求，包括人员、应急设施设备和应急物资等；

⑫明确综合保障的需求及实施要求，包括运输、救护、后勤供给、内外部接待、事故调查和损失评估、信息发布及其他事项；

⑬明确应急预案启动和终止的条件及要求；

⑭明确应急预案的培训和演练要求；

⑮其他需要明确的事项。

2. 应急预案评审与发布

对应急预案的科学性、适用性、有效性和可操作性等方面进行评审，应急预案评审通过后方可发布实施。

场站编制的现场处置方案和场站关键操作岗位应急处置程序、应急处置卡由所属单位组织评审发布，并报公司备案。

当风险源、机构、职责、人员、程序等发生重大调整和变化，以及在演练或实施后发现预案未达到预期目标时，应及时组织修订，必要时组织再评审，以确保其适用性和有效性。

形成并保持评审记录。

应急预案备案。

二、应急培训与演练

1. 应急培训

公司应急预案编制处室应制订应急培训计划，报人事处培训中心审核，经公司培训工作指导小组会议批准发布后由相关单位组织实施。各场站制订培训计划中，应将应急培训内容包含其中。

应急培训包括对应急预案及演练内容的培训、对危险区域范围内单位和人员的宣传和培训（必要时）。

由培训中心和相关机关部门、所属单位及各场站形成并保留培训记录。

各应急相关人员参加以下应急能力培训并考试合格。公司、所属单位、站、队应急管理人员参加应急管理培训；应急预案编制人员参加应急预案编制培训；场站人员参加急救培训、消防培训、应急预案培训、专业技能培训（管工、焊工、电工、起重、特种设备操作等）。

2. 应急演练

公司每年举办一次公司级应急实战演练,所属单位每半年举办一次管理处级应急演练；场站每月举办一次应急演练，可以在一次演练中同时进行多个处置预案演练，确保所有处置预案每年至少演练一次。

各单位每年至少举办一次有外单位人员参加的演练。

应急演练结束后，要召开演练评估会议，对应急演练进行分析和客观评估，形成演练评估报告。评估报告主要包括以下内容：

①应急演练的执行情况；

②预案的合理性与可操作性；

③应急指挥人员的指挥协调能力、参演人员的处置能力；

④演练所用设备装备的适用性；

⑤演练目标的实现情况；

⑥演练的成本控制情况；

⑦对完善预案的建议等。

根据演练评估结果，要有针对性地进行讲评和总结，形成演练总结报告。应急演练总结报告主要包括以下内容：

①应急演练基本概要；

②应急演练所取得的成果；

③应急演练中存在的问题和不足；

④目前各项应急预案需要补充和完善的地方；

⑤应急管理方面的意见和建议。

所属单位应对现场施工作业承包方的应急培训和演练情况给予监督和指导。

三、能力考核

生产运行处负责维抢修机构能力考核的组织工作，每半年对二级单位的维抢修工作进行一次考核，负责对二级单位的考核结果进行备案及抽查；二级单位负责每季度对所属维抢修单位进行一次考核，考核结果报公司生产运行处备案。

1. 维修队考核内容

①日常维抢修管理。
②所辖区域内突发事件抢修的现场勘查、预警预控等。

2. 维抢修中心考核内容

①日常维抢修管理。
②所辖区域内突发事件抢修的现场勘查、预警预控、进场道路铺设、作业坑开挖、切管、下料、对口、焊接、焊口检测合格后的防腐等。
③其保护范围内管道抢修的下料、对口、焊接关键作业工序。
④专业公司维抢修体系规划中规定的抢修依托覆盖范围内的长输管道突发事件的部分抢修工作。

3. 考核形式

维抢修机构能力考核采用分项打分的形式，内容包括功能定位、人员、设备、物资、应急等项目共 100 分（维修队满分为 90 分，考核后得分进行折算），另设加分管理项和责任管理项。考核结果总分在 90 分以上的为优秀、70~90 分为合格、70 分以下的为不合格。

四、检查分析与改进

应急过程中出现的问题，按照应急管理权限，分别由公司相关处室或相关所属单位实施纠正措施。

当机构、职责、人员、程序等发生调整和变化，以及在演练或实施后发现预案未达到预期目的时，应及时组织修订，必要时组织再评审，以确保其适用性和有效性，每年对应急管理开展一次诊断分析活动，各相关处室参加，对应急管理的符合性、适用性和有效性进行诊断分析，提出改进目标，制定改善提升方案，各所属单位负责本单位的应急管理诊断分析及应急预案修订工作。公司各级预案至少每3年修订一次。

第八节　燃气输配场站危险化学品管理

一、危险化学品的采购

危险化学品指属于爆炸品、压缩气体和液化气体、易燃液体、易燃固体、自燃物品和遇湿易燃物品、氧化剂和有机过氧化物、有毒品和腐蚀品的化学品。若在重大工业事故中发生重大火灾、爆炸或毒物泄漏事故，并给现场人员或公众带来严重危害或财产损失，对环境造成严重污染，称其为危险源。按我国目前已公布的法规、标准，危险化学品可分为九大类，即爆炸品；压缩气体和液化气体；易燃液体；易燃固体；自燃物品和遇湿易燃物品；氧化剂和有机过氧化物；毒害品；放射性物品；腐蚀品等。

燃气输配场站常见的危险化学品包括防冻液（乙二醇）、甲醇、润滑油、酒精、氧气、乙炔、载气（氩气）、油漆、稀料、六氟化硫、氮气及标气（天然气）。液体危险化学品单位必须用"kg"[①]。气瓶装的气体单位用"L"[②]。

购置的危险化学品，供货厂家必须提供与危险化学品完全一致的安全技术说明书，并在外包装上粘贴或拴挂安全标签。任何单位在购进危险化学品时，供货商除满足本公司的供应商管理程序外，还需具

注：① 1 L油漆等于0.83 kg，1 L稀料等于0.9 kg，1 L润滑油等于0.8 kg，1 L防冻液等于1 kg。
② 标气是每瓶8 L，载气是每瓶40 L，氮气是40 L。

备安全法规所规定的许可证，购进危险化学品必须有安全技术说明书和安全标签。杜绝不符合安全要求的危险化学品流入。表 5-8 是燃气输配场站常见的危险化学品清单。

表 5-8 燃气输配场站常见的危险化学品清单

序号	化学品名称	类别	隐患评估	控制措施	容器单位和规格
1	防冻液（乙二醇）	第3类易燃液体	可燃，具刺激性；人力搬运时容易扭伤、碰伤	急救措施 皮肤接触：脱去污染的衣着，用大量流动清水冲洗。眼睛接触：提起眼睑，用流动清水或生理盐水冲洗、就医。吸入：迅速脱离现场至空气新鲜处。保持呼吸道通畅如呼吸困难，给输氧。如呼吸停止，立即进行人工呼吸，就医。食入：饮足量温水，催吐洗胃，导泻，就医	kg
2	甲醇	第3类易燃液体	可燃，具一定健康危害	急救措施 皮肤接触：脱去污染的衣着，用大量流动清水冲洗。眼睛接触：提起眼睑，用流动清水或生理盐水冲洗、就医。吸入：迅速脱离现场至空气新鲜处。保持呼吸道通畅如呼吸困难，给输氧。如呼吸停止，立即进行人工呼吸，就医。食入：饮足量温水，催吐洗胃，导泻，就医	kg
3	润滑油	第3类易燃液体	可燃，具刺激性；人力搬运时容易扭伤、碰伤	储存于阴凉、通风的库房，远离火种、热源；搬运时采用电动叉车，避免人力搬运，人员注意安全站位；使用时戴橡胶耐油手套，戴化学安全防护眼镜	kg

序号	化学品名称	类别	隐患评估	控制措施	容器单位和规格
4	酒精	液体酒精属于第3类易燃液体；固体酒精属于第4类易燃固体	易燃，易挥发，低毒性，略具刺激性	应用金属容器装运酒精，不能用塑料桶等易引起静电的容器装运酒精。应存放于阴凉、通风仓库内，仓内温度不宜超过30℃，防止阳光直射。储存间内的照明、通风等设施应采用防爆型，开关设在仓外。储存仓应配备相应品种和数量的消防器材。桶装堆垛不可过大，应留墙距、顶距、柱距及必要的防火检查走道。罐储时要有防火防爆技术措施，露天储罐夏季要有降温措施。搬运酒精应做到小心谨慎，严防振动、撞击、摩擦和倾倒。 皮肤接触：脱去污染的衣物，用肥皂水和清水彻底冲洗皮肤。 眼睛接触：提起眼睑，用流动清水或生理盐水冲洗，就医。 吸入：迅速脱离现场至空气新鲜处，保持呼吸道通畅。如呼吸困难，给输氧。如呼吸停止，立即进行人工呼吸，就医。 食入：饮足量温水，催吐，就医	kg
5	氧气	第2类压缩气体和液化气体	易燃物、可燃物燃烧爆炸的基本要素之一，能氧化大多数活性物质与易燃物（如乙炔、甲烷等）形成有爆炸性的混合物	储存于阴凉、通风的库房，远离火种、热源；搬运时轻装、轻卸，防止钢瓶及附件破损，储罐区域要有禁火标志	L

序号	化学品名称	类别	隐患评估	控制措施	容器单位和规格
6	乙炔	第2类压缩气体和液化气体	无色无臭，易燃，有微毒性	储存于阴凉、通风仓库内。仓温不宜超过30℃。远离火种、热源。防止阳光直射。应与氧气、压缩空气、卤素（氟、氯、溴）、氧化剂等分开存放。储存间内的照明、通风等设施应采用防爆型，开关设在仓外。配备相应品种和数量的消防器材。禁止使用易产生火花的机械设备和工具。验收时要注意品名，注意验瓶日期，先进仓的先发用。搬运时轻装、轻卸，防止钢瓶及附件破损。皮肤接触：脱去并隔离被污染的衣服和鞋。接触液化气体，接触部位用温水浸泡复温。注意患者保暖并且保持安静。确保医务人员了解该物质相关的个体防护知识，注意自身防护。吸入：迅速脱离现场至空气新鲜处。注意保暖，呼吸困难时给输氧。呼吸停止时，立即进行人工呼吸，就医	L
7	载气（氦气）	第2类压缩气体和液化气体	窒息，高压	储存于阴凉、通风的库房，远离火种、热源；搬运时轻装、轻卸，防止钢瓶及附件破损	L
8	油漆	第3类易燃液体	易燃，具有一定健康危害	穿戴劳保着装，做好呼吸、眼睛、皮肤、口部防护，尽量采购低毒、低污染的环保油漆	kg

序号	化学品名称	类别	隐患评估	控制措施	容器单位和规格
9	稀料	第3类易燃液体	绝缘性较强，很容易产生静电、极易挥发、腐蚀皮肤、易燃，具有一定健康危害	应积极采取措施加强通风换气，降低其浓度，使之达不到爆炸浓度极限。运输稀料时，不得野蛮装卸，应轻装、轻卸，防止摩擦、振荡。利用汽车运输时，应在贮罐尾部安装金属链条接地，以导除静电电荷，防止火灾的发生。在使用、贮存稀料的场所，不得有火源，安装的电器设备必须是防火防爆型的。不要用塑料桶盛装稀料，应用金属容器。输导稀料的导管不宜用塑料管，金属导管必须有良好的接地措施。利用稀料清洗涂装工具时，应格外小心，防止摩擦产生静电而引发火灾	kg
10	六氟化硫	第2类压缩气体和液化气体	无色，无臭，无毒	定期进行六氟化硫气体微水含量的检测，定期进行六氟化硫气体的检漏，注意通风并且戴防护用具	
11	氮气	第2类压缩气体和液化气体	氮气的化学性质很稳定，常温下很难跟其他物质发生反应，但在高温、高能量条件下可与某些物质发生化学变化，用来制取对人类有用的新物质	空气中氮气含量过高，导致吸入空气氧分压下降，引起缺氧窒息。吸入氮气浓度不太高时，患者最初感到胸闷、气短、疲软无力；继而有烦躁不安、极度兴奋、乱跑、叫喊、神情恍惚、步态不稳症状，称为"氮酩酊"，可进入昏睡或昏迷状态。吸入高浓度氮气，患者可迅速昏迷、甚至因呼吸和心跳停止而死亡	L

续表

序号	化学品名称	类别	隐患评估	控制措施	容器单位和规格
11	氮气	第2类压缩气体和液化气体	氮气的化学性质很稳定，常温下很难跟其他物质发生反应，但在高温、高能量条件下可与某些物质发生化学变化，用来制取对人类有用的新物质	潜水员深潜时，可产生氮的麻醉作用；若从高压环境下过快转入常压环境，体内会形成氮气气泡，压迫神经、血管或造成微血管阻塞，发生"减压病"	L
12	标气（天然气）	第1类爆炸品	易燃，易爆，高压	储存于阴凉、通风的库房，远离火种、热源；搬运时轻装、轻卸，防止钢瓶及附件破损，储罐区域要有禁火标志	L

二、危险化学品的运输过程要求

危险化学品的运输方应提供有效的危险化学品的运输资质，并由采购方与运输方签订运输协议。协议中应明确运输和包装方式及安全责任等内容。

运输方提供的运输危险化学品的车辆和人员资质应符合国家有关法律法规规定。

三、危险化学品的装卸要求

①危险化学品装卸，应按照危险化学品的危险特性和包装方式，

采取必要的安全防护措施。

②装卸作业应由专人在现场负责指挥，装卸作业人员应按所装运危险化学品的性质，佩戴相应的防护用品，装卸时应轻装、轻卸，严禁摔拖、重压和摩擦，不得损毁包装容器，并注意标志，堆放稳妥。

③装卸前，应对车（船）搬运工具进行必要的通风和清扫，不得留有残渣。

④装运具有爆炸、剧毒、易燃液体、可燃气体等性质的化学品，应使用符合安全要求的运输工具。

⑤危险化学品不准超量充装，装卸流速不得超过上限值。

⑥禁止用电瓶车、翻斗车、铲车、自行车等运输爆炸物品。禁止用叉车、铲车、翻斗车搬运易燃、易爆液化气体等危险化学品。没有采取可靠的安全措施，禁止用铁质底板车及汽车挂车运输强氧化剂、爆炸品及用铁桶包装的一级易燃液体。

⑦温度较高地区装运液化气体和易燃液体等危险化学品，要有防晒降温措施。

四、危险化学品的储存

危险化学品必须独立存放，设专人管理，危险化学品管理人员需经过培训，持有危险化学品从业人员资格证。

危险化学品的储存应严格执行危险化学品的储存规定，各类危险品不得与禁忌物料混合贮存。在储存现场必须张贴危险化学品的化学安全说明书（MSDS）。

危险化学品储存场所的安全设施和消防设施（包括防雷、防静电接地装置），应符合设计规范和安全管理要求，并定期聘请具有资质的单位进行检测、检验，过期、报废以及不合格的禁止使用。

危险化学品库房不得与员工宿舍在同一座建筑物内，并应当与员工宿舍保持安全距离，不得设办公室、休息室。

危险化学品的使用单位应建立《危险化学品清单》，填入公司 HSE 信息系统相应的栏目。应严格执行危险化学品出入库管理制度，设专人管理，定期对库存危险化学品进行检查，严格核对、检验进出库物品的规格、质量、数量，并登记和做好记录。无产地、无安全标签、无安全技术说明书和检验合格证的物品不得入库。

危险化学品应按其化学性质分类、分区存放，并有明显的标志，堆垛之间应留有足够的垛距、墙距、顶距和安全通道。相互接触能引起燃烧、爆炸或灭火方法等不同的危险化学品，不得同库储存，应设专用仓库、场地或专用储存室，存储易爆品库房应有足够的泄压面积和良好的通风设施。对于禁冻、禁晒的危险化学品，应有防冻、防晒设施；对于储存温度要求较低的危险化学品，储存设施应有降温设施；对于储存遇湿易溶解、燃烧、爆炸的物品，应有防潮、防雨措施。对于分输站的规定量的油漆可储存在具有良好的通风和防暴晒功能的简易棚内，其他物品不允许存放在此棚内。维抢修队（中心）储存的气瓶宜储存在室外带遮阳、雨棚的场所。储存在室内时，建筑物应符合有关标准要求。具体应执行现行行业标准《气瓶使用安全管理规范》（Q/SY 1365）。

五、危险化学品的使用

①严格控制作业现场各种危险化学品数量，原则上随用随领，不能一次用完的危险化学品作业现场只许存放一个作业班的用量。

②使用单位和使用人员必须严格遵守各项安全生产制度和操作规程，掌握正确使用方法和事故应急措施，作业时要穿戴必要的防护用具用品，保证安全使用。

③盛放危险化学品的容器在使用前、后应进行检查，消除隐患，

防止泄漏事故发生。

④使用完毕后应及时盖封，放回原处，不得随意乱放。

⑤严禁使用无品名、无标识的危险化学品。

六、危险化学品的处置

应严格按照国家有关规定处置危险化学品废渣、废料和报废的包装材料，定点存放。禁止将废弃的危险化学品倾倒入下水井、地面和江河中。

对失效过期、已经分解、理化性质改变的危险化学品和闲置不用的危险化学品，废弃时应委托具备国家规定资质的单位处置，双方要签订协议，明确各自的责任、义务和时限，不得将危险化学品私自转移、变卖、倾倒。

凡拆除的容器、设备和管道内有危险化学品的，应先清理干净，并验收合格。

七、培训和应急处置

涉及危险化学品的采购、运输、储存、使用的单位应采取相应方式对员工进行有关化学品危险特性、职业危害、应急处置和安全防护的培训。

购买、储存、运输和使用危险化学品的单位应将危险化学品事故应急救援专项预案和应急处置方案纳入本单位生产安全事故应急体系，配备必要的应急救援器材、设备，并定期组织演练。

发生危险化学品泄漏，引发火灾、爆炸等事故时，应立即启动相关应急预案。

事故抢救原则：

①统一指挥，防止中毒、窒息和烧伤，先救人，后救灾；

②火灾扑救时，要根据危险物品种类、性质及现场情况，正确选用灭火剂；

③液体、气体火灾，要尽快切断物料来源，然后集中力量一次灭火成功；

④要正确选用防护器具和用品，及时切断物料来源，清除现场残留物。

八、监督检查

公司各级安全管理部门负责对危险化学品的使用和储存情况定期检查，发现问题及时整改。

参考文献

[1] 段常贵. 燃气输配[M]. 北京：中国建筑工业出版社，2015.

[2] 中国石油天然气集团公司职业技能鉴定指导中心. 燃气输配场站运行工[M]. 北京：石油工业出版社，2016.

[3] GB/T 32808—2016 阀门型号编制方法[S]. 北京：中国标准出版社，2016.

[4] TSG 21—2016 固定式压力容器安全技术监察规程[S]. 北京：新华出版社，2016.

[5] SY/T 4102—2013 阀门检验与安装规范[S]. 北京：石油工业出版社，2013.

[6] 黄梅丹. 城镇燃气输配工程施工手册[M]. 北京：中国建筑工业出版社，2018.

[7] 何卜思. 燃气输配场站运行工[M]. 北京：中国建筑工业出版社，2017.

[8] 石家庄输气管理处危险化学品清单. [EB/OL]. 2014.

[9] CJJ 51—2016 城镇燃气设施运行、维护和抢修安全技术规程[S]. 北京：中国建筑工业出版社，2016.

[10] GB 50028—2006 城镇燃气设计规范[S]. 北京：中国建筑工业出版社，2020.

[11] GB 27790—2020 城镇燃气调压器[S]. 北京：中国标准出版社，

2020.

[12]GB 27791—2020 城镇燃气调压箱[S]. 北京：中国标准出版社，
2020.

[13]CJ/T 514—2018 燃气输送用金属阀门[S]. 北京：中国标准出版
社，2018.

[14]GB/T 1226—2017 一般压力表[S]. 北京：中国标准出版社，2017.

[15]GB/T 36051—2018 燃气过滤器[S]. 北京：中国标准出版社，2018.